汤河流域植物生存域及汤河湿地生态水位研究

李 喆　张冬冬　白世强　宁立波
莫德国　李 华　黄景春　甄 娜　著

U0253404

黄河水利出版社
·郑 州·

内 容 简 介

汤河源于鹤壁市鹤山区,自内黄县西元村入卫河,是河南省南太行地区的重要生态屏障。本书以习近平生态文明思想为指导,以系统科学、生态地质学理论为基础,对汤河的岸带变迁、植被分带特征及植物的地境、生存域进行研究,选取含水率、盐分、有机质、氮磷钾综合指数 4 项为指示性因子进行组合,圈定多年生优势种植物生存域;对汤河湿地的水生植被特征、生态水位计算、湿地生态调控方案等进行系统研究,认为湿地最低生态水位为 105.33~110.53 m,适宜生态水位为 108.65~112.97 m。据此建立调控模型,提出湿地生态水位调控方案。

本书可供从事河流及湿地生态研究的科研人员和大中专院校师生参考。

图书在版编目(CIP)数据

汤河流域植物生存域及汤河湿地生态水位研究/李喆等著. —郑州:黄河水利出版社,2023.6
ISBN 978-7-5509-3593-8

Ⅰ.①汤… Ⅱ.①李… Ⅲ.①河流-流域-植物生态学-研究②河流-流域-沼泽化地-水位变化-研究
Ⅳ.①Q948.1②P941.78

中国国家版本馆 CIP 数据核字(2023)第 105459 号

组稿编辑:王志宽   电话:0371-66024331   E-mail:wangzhikuan83@126.com

责任编辑	杨雯惠	责任校对	韩莹莹
封面设计	李思璇	责任监制	常红昕
出版发行	黄河水利出版社		
	地址:河南省郑州市顺河路 49 号 邮政编码:450003		
	网址:www.yrcp.com E-mail:hhslcbs@126.com		
	发行部电话:0371-66020550		
承印单位	河南新华印刷集团有限公司		
开　　本	787 mm×1 092 mm 1/16		
印　　张	11.5		
字　　数	266 千字		
版次印次	2023 年 6 月第 1 版　　2023 年 6 月第 1 次印刷		
定　　价	78.00 元		

前　言

　　习近平总书记在中国共产党第二十次全国代表大会上指出：大自然是人类赖以生存发展的基本条件。尊重自然、顺应自然、保护自然，是全面建设社会主义现代化国家的内在要求。必须牢固树立和践行绿水青山就是金山银山的理念，站在人与自然和谐共生的高度谋划发展。党的二十大报告为我们的工作奠定了坚实的理论基础、思想指导和宏伟方向。

　　汤河发源于鹤壁市鹤山区，蜿蜒近百公里后注入卫河，是海河流域重要的支流之一，其生态安全既关乎卫河流域的生态安全，也影响着华北平原的生态健康。但其上游数十年煤炭资源持续开发过程中的疏干排水、中下游沿河土地资源的过度开发等造成上游基本断流、河流岸带部分消失、生物多样性降低、生态系统结构与功能遭到破坏等生态问题，使整个流域的生态系统的稳定性被打破，生态安全面临多方面的威胁。

　　本书研究坚持山水林田湖草沙一体化保护和系统治理，以提升生态系统多样性、稳定性、持续性为目标，运用生态地质学理论工具对汤河流域的植物群落特征及其生存域特征、河岸带变迁及其生态效应、汤河湿地生态水位及其生态调控措施等进行系统调查研究，对汤河流域存在的多方面生态问题及其形成的生态地质学机制进行深入研究，针对存在的问题提出科学可行的、具有针对性的生态修复措施，努力为汤河流域"统筹产业结构调整、污染治理、生态保护、应对气候变化，协同推进降碳、减污、扩绿、增长，为推进生态优先、节约集约、绿色低碳发展"提供科学依据。

　　本书研究取得的成果主要有以下几点：①流域陆地生态子系统的植物根系呈现出明显的"复层"结构，0～30 cm 深度区间主要为草本植物的地境稳定层；30～70 cm 深度区间主要为灌木的地境稳定层；70～100 cm 深度区间主要为乔木的地境稳定层。河岸带生态子系统植物根系无"复层"结构特征：0～60 cm 深度区间主要为草本、禾本植物的地境稳定层。②在陆地生态子系统乔木层优势植种构树、杨树、楝树的含水率、含盐量、有机质、土壤氮磷钾综合指数等的适生区间略有不同，但基本集中在相同区间。灌木层优势植种中黄荆、酸枣的含水率、含盐量、土壤氮磷钾综合指数等的适生区间基本相同。③河岸带生态系统结构特征为植被从水生、湿生向中生过渡，靠近河岸的植被多为自然生长的草本植物，远离河岸的植被多为人工种植的乔木。④1987—2019 年，河岸带的结构整体上不断优化，朝着良性态势发展。但在人为因素的干扰下，河岸生态系统的自然化程度降低，河岸带存在植物群落结构不完善、农田侵占河岸带、河道渠道化严重等问题。⑤人类的水利工程、农业活动和工程建筑活动影响河岸带的变迁。⑥湿地的最低生态水位为 105.33～110.53 m，适宜生态水位为 108.65～112.97 m。⑦在丰水年、平水年、枯水年丰水期及丰水年枯水期生态溢水量波动范围均大于 0，即湿地水位均大于生态水位；平水年和枯水年枯水期的生态溢水量存在小于 0 的现象，即湿地水位低于湿地最低生态水位。基于以上结论，认为汤河流域生态修复的物种选择应以本地种植为主，在地境再造过程中应依据其不同物种的生存域进行塑造;应通过人工手段逐步恢复河岸带的地理空间和生态系统结构,使河岸带生态系统趋向良性发展,逐步实现其生态功能;汤河湿地生态意义突出,应在保证生态水位的前提下,逐步在湿地范围内丰富物种多样性,除景观功能外,更需重视其他生态功能的充分实现。

本书研究得到河南省南太行地区山水林田湖草生态保护修复工程科技创新项目资助,得到河南省自然资源厅财务处、生态修复处领导的支持;同时得到安阳市自然资源和规划局、安阳市统计局、安阳市水利局、河南省安阳水文水资源勘测局、汤阴县自然资源局、汤阴县气象局、汤阴县水利局、汤阴汤河国家湿地公园管理委员会、鹤壁市自然资源和规划局、鹤壁市水利局、鹤壁市统计局、河南省鹤壁水文水资源勘测局、鹤壁市山城区自然资源和规划局、鹤壁市山城区水利局等单位相关领导的支持。尤其是鹤壁市自然资源和规划局孙喆、鹤壁市山城区水利局杨玉生、安阳市自然资源和规划局王俊波、河南省安阳水文水资源勘测局闫寿松、汤阴县气象局李磊等各位领导的大力支持和帮助。在此向他们致以衷心的感谢。感谢项目组所有成员付出的辛勤劳动,感谢关心此项研究的所有同仁,感谢所有参考文献作者的成果为我们提供启发,尤其是遗漏的那些作者,要向他们致以歉意。此外,本书中的部分内容参考了李昂、胡闯等同学的硕士学位论文,在此向他们表示感谢。

本书的写作分工如下:前言由宁立波和黄景春共同完成;第 1 章由张冬冬完成;第 2 章由白世强完成;第 3 章由张冬冬和李喆共同完成;第 4 章由李喆、张冬冬共同完成;第 5 章由白世强、李喆、莫德国、李华共同完成;第 6 章由李喆完成。全书由李喆统稿,插图由甄娜、梁婉如、张赛等精心绘制。

目前汤河流域的生态保护和修复还有很多工作要做,河流生态系统的研究与保护应坚持"尊重自然、顺应自然、保护自然"的宗旨,以生态系统结构的恢复为基础。由于时间紧迫,精力有限,本书研究只能起到抛砖引玉的作用,期待后续更多更好的相关研究成果出现,为汤河流域的生态文明建设提供新思路和新方法,以更加优美的生态环境滋养这片有着深厚文化底蕴的地区。书中不可避免地存在诸多不足之处,敬请各位同仁提出批评意见,也可就一些科学问题进行交流,共同为汤河流域生态环境的改善贡献力量。

作　者
2023 年 6 月

目　录

目 录

第 1 章　绪　论

1.1　研究意义

近年来,随着工业化进程的加快,人类活动对生态系统的改造力度日益加大,对生态系统的破坏程度也日益加重,生态问题已经成为影响我国可持续发展的重要问题。我国政府开始重视维护生态系统稳定的重要性,党的十八大以来,以习近平同志为核心的党中央深刻总结人与自然相互依存、相互影响的内在规律,站在生态文明战略的高度上,提出了山水林田湖草生命共同体的系统思想,指导全国从根本上扭转生态保护修复工作的弊端,并提出要坚持保护优先、自然恢复为主,实施山水林田湖草生态保护和修复工程,加大环境治理力度,改革环境治理基础制度,全面提升自然生态系统稳定性和生态服务功能,筑牢生态安全屏障。

南太行地区位于我国地貌第二阶梯和第三阶梯的交界处,是黄土高原和华北平原的分水岭,是海河支流卫河、淇河及黄河支流沁河、丹河的源头区,是中部地区重要的生态屏障,是构筑国家生态安全战略格局的关键节点,也是《全国生态功能区划(修编版)》提出的太行山区水源涵养与土壤保持重要区的重要组成,对于京津冀地区、黄河中下游地区具有至关重要的水源涵养、水土保持、水环境、生物多样性维护、防洪调蓄等生态系统服务功能。

汤河是南太行区域东北部最远源头卫河的支流之一,与卫河其他支流(淇河、安阳河)一同流入海河,是海河上游重要水源之一,生态环境状况将会影响到京津冀地区的水生态环境安全。近年来,由于人类盲目开垦和改造,使汤河流域内部分天然湿地转变成农用耕地或城市建设用地,湿地面积的大量减少,削弱了湿地的调蓄和缓冲功能,加剧了洪水泛滥。工农业建设和居民生活对湿地水源的截留和利用,也使湿地水资源急剧减少,导致湿地供水不足而退化、萎缩。另外,一些工业废水、生活污水的排放,以及农药、化肥施用引起的面源污染等对湿地造成污染,致使湿地水质变劣,生态系统恶化,生物多样性受到破坏,越来越多的生物物种随着污染的加剧而失去生存空间,面临濒危或灭绝,种群的延续受到极大的威胁。

本书研究以汤河流域为例,选择汤河湿地和河岸带作为主要研究对象,以生态地质学理论为基础,坚持山水林田湖草生命共同体重要思想,在对研究区生态系统、湿地生态水位、植物生存域调查的基础上,分析研究湿地生态水位与植物生存域特征,探究汤河湿地生态水位变化及岸带植物生存域特性,并对汤河国家湿地公园生态水位进行计算,判断当下汤河湿地水位是否满足生态系统健康所需,并提出相关的调控方案,为维持汤河国家湿地公园的生态系统健康提供理论依据。同时,明确植物生存域研究对河岸带的生态保护及修复的重要意义,并根据河岸带植物生存域研究成果,采用科学有效的方式对汤河干流两侧河岸带进行保护,选取适宜的植物物种对汤河河岸带植物群落进行调整,使汤河生态系统日渐趋于健康,为南太行区域生态修复提供科学示范。

1.2　国内外研究现状

1.2.1　植物地境及生存域研究现状

1.2.1.1　植物地境研究现状

　　"生境"这一概念是由美国学者 Grinnell(1917)首先提出,其定义为生物出现的环境空间范围,一般指生物居住的地方,或是生物生活的生态地理环境。英国植物生态学家 Tansley(1935)在提出"生态系统"概念时就明确指出:生态系统是由生物成分与非生物成分共同构成的统一整体,二者之间的相互联系、相互作用是生态系统功能统一的重要原因。美国学者 I. F. Spellerberg(1991)指出植种的保护侧重点应放在"生境"上,而不是"植种"处理上。自 20 世纪 90 年代以来,作为生境重要组成部分的地境,受到越来越多学者的重视并开展了大量的研究工作,主要涉及以下几个方面:植物立地环境中各组成要素的研究主要集中于水分、盐分、有机质、温度、土壤物理性质(岩性、压实度、通气性)等的时空分布特征;以氮、磷、碳等为代表的地球化学元素的丰度及迁移规律;上述理化指标对根系发育的控制意义和胁迫作用。比如:Vogt(1986)指出植物根系在陆地生态系统的碳、氮循环中发挥着重要的作用;Potter(1993)研究发现与植物根系生长有直接关系的碳、氮平衡深度一般为 0.3 m;Neilson(1995)在按植物群落中不同植种的根系深度建立植被–水分平衡的生物地理模型时,将地境分为 L1(0~50 cm)、L2(50~150 cm)和 L3(>150 cm)3 个土壤层次,同时他认为草本植物只从 L1 中吸收水分,木本植物从 L1 和 L2 中吸收水分,L3 中没有根系存在,Parton(1988)在研究植物生长、土壤有机质动态和养分循环时发现其有效深度可定为 0.9 m。

　　植物根系的形态学研究主要包括植物根系的分布、活性、更新速率,根系的功能,根际环境中微生物及酶的作用等。比如:Gale 和 Grigal(1987)在潜水埋深大于 1.0 m 的前提下,统计了全球 11 种植物群落共计 253 种植物根系的分布特征,指出植物总根重和根冠的 90% 都集中在地表到地下 1.0 m 的土层深度内,1.0 m 以下的根重、根数、根土比均明显下降;而 Kang(2002)指出如果潜水埋深小于 1.0 m,根系的密集区将更靠近地表。

　　国内针对植物地下生境的研究起步于 20 世纪 80 年代末。祝廷成指出在中纬度地区,土壤对太阳热辐射的日最大响应深度为 0.8~1.0 m;刘昌明通过试验研究得出土水势的日变化底界深度为 0.9 m 左右;侯春堂指出地下 1~2 m 范围内的土壤层和包括土壤母质在内的一定深度的土体都将对植物产生影响;简放陵(2001)认为植物土壤生态系统具有鲜明的耗散结构特征;张为政(1994)研究发现在干旱和半干旱地区,水分的分布往往随深度的增加而增加,盐分和有机质含量则随深度的增加而减小,进而指出植物立地环境中各种"场"不具有同一性;白永飞(2002)进一步指出这种水肥条件的差异性(资源异质性)不仅在同一样地的垂向上有所体现,在不同的样地上也十分明显;符裕红(2012、2017)研究发现不同产状石灰岩地区的地下生境类型及其不同层次的土壤指标值差异显著,层次性明显。不同植物根系地下生境类型和不同空间土壤层次的土壤酶活性差异显著,且土壤质量均呈现出随土壤深度的增加而逐渐降低的趋势。

综合来看,由土壤、部分母质及其包含的水分、盐分、空气、有机质等构成的地下空间实体,是植物赖以生存的营养来源和根系的固持基质。植物的种类、长势及群落的结构都与地下空间的水肥条件有着密切的关系。前人的研究已涉及地境中水、土、岩、气、生等多个方面,并深入到不同生态系统的不同层次水平,为植物地境的生态学研究奠定了基础,但大部分成果没有完全做到把地境物理结构与植物生理生活习性、群落结构有机结合,从而导致缺乏刻画多要素协同关系的有效手段。基于此,徐恒力(2003)提出在一个特定的陆地生态系统中,植物根系所占据的地下空间应为生态系统的一个子系统,他将这一地下空间称为植物的地下生境,即"地境"。分析地境结构特征有助于解读植物的形态学特征和生理行为,并认为最具有意义的地境深度范围为地表到地下 1.0 m,故指出中纬度地区的地境底界为 1.0 m 以内。徐恒力通过分析研究地境耗散结构特征和各植种根群(根毛最密集的部位)所处深度范围,构建了植种"地境稳定层"的概念,用以刻画植物地境资源在垂向剖面中表现出的空间异质性。

基于徐恒力提出的植物地境理论,王萍(2008)研究发现过氧化氢酶活性曲线的各峰值区与植物群落中各生活型植物的根群位置相对应,故指出可以通过分析过氧化氢酶活性曲线来确定植物地下微生境的空间位置;杜博涛(2017)等提出了地境调查方法的技术要求,并明确了土壤中水解性氮、有效磷、速效钾、含水率、有机质、交换性阳离子量、水溶态阴离子量等指标以表征地境资源量;张晨(2005)进行了土地生态质量评价及土地生态质量分区。

1.2.1.2 植物生存域研究现状

植物生存域概念最早由徐恒力提出,是指同一植种长期生存的不同地段地境稳定层中各因子(主要为土壤水吸力、土壤含盐量、有机质含量等,其他因子亦同等重要)组合状态的集合,它包括不同生长状况下该植种的生存极限。在此之前有关植物对生态因子的适应性研究仍以美国生态学家 Shelfor(1913)提出的耐受性定律、生态幅和生态位为基础。

耐受性定律主要是指任一生态因子在数量或质量上的不足或过多,即当其接近或达到某植种的耐受下限或上限时,就会影响该植种的生存和分布。生态幅是指某一生物对环境因子的耐受范围,即其生态上的最高点与最低点之间的范围,主要由该植种的遗传特性决定。生态幅的研究考虑了植种与单个生态因子间的适应性,明确了不同植种可适应不同的环境。生态位是指一个种群在生态系统中,在时间、空间上所占据的位置及其与相关种群之间的功能关系与作用,又称生态龛,即生态系统中每种生物生存所必需的生境最小阈值。群落生境(亦称栖息地)只是生态位这个概念的子集。生态位的含义远不止是"生活空间"(温度、空气湿度等环境因素的综合)一个抽象概念,它描述了一个植种在其群落生境中的功能作用,表征有机体和所处生境条件之间的关系与生物群落中的种间关系。

但是生态幅的概念对所研究的植种并不明确,所谓"某一植种"是指不同群落中的植种,还是一个群落中的植种或单一的种群,从概念上没有明确的定义,而且所得出的耐受性范围仅为单因子的,即把各因子孤立起来,仅讨论一个植种与单个因子的一一对应关系,尚未从系统性和整体性的角度探究因子间的协同作用。同时没有将不同种群间的能量、水分、盐分、养分的依存关系或竞争关系考虑在内,无法获得各植种种间关系的信息。换言之,生态幅宽度可以解释某植种不能分布于何处,至于能分布于何处则无法得知,这是因为植种的分布除受非生物因子的潜在影响外还受到种间竞争等生物因子的影响。生态位应用于植物研究领域尚有一定困难,因为几乎一切植物的生长发育都需要光合作用参与,而且在陆地上倾向于占有环境的相同部分——"地球关键带"。然而,植种在自然环境水平地带和垂直地带中占据的区域及在生长季节、开花季节等方面出现的差异,可与动物的生态位相比拟。

生态学的适应性理论认为:植种的自然选择从某种意义上说是植种对生境的选择。对植物的形态结构、生长发育、生理和生化等有影响作用的环境因子称为生态因子,而生态因子又分为非生物因子与生物因子两大类,非生物因子按照其性质可以划分为气候因子、土壤因子、地形因子等,它决定着一个地区可以维持的生态系统的类型与结构特征。所有非生物因子的不同组合对生态系统都有影响,对植物而言,如若植物生长所需的条件中有一种或几种的供给不足或过剩,其生长发育将受限,这些因子就称为限制因子(限制性生态因子)。当这些因子的含量使植物的耐受性接近或达到极限时,植物的生长发育、生殖繁衍及分布等直接受到限制,甚至停滞。通常情况下,植物对限制性因子的耐受性范围会因其他各因子的改变而改变。

植物的形态学特征隐含着其生长状况的信息,在相当大的程度上可反映植种对地下生境条件的适应程度。种群的年龄结构则表明了种群的新老交替过程,并且决定着种群的稳定程度和发展趋势,也反映了植物与地下小生境间的生态关系,指示着植物对地下小生境条件的适应性程度。在地质环境中,近地表的水分、盐分、土壤等对生物群落起到直接控制或影响作用,故为直接生态因子,通过影响近地表的水、土、盐、气等直接生态因子的质量、数量进而影响地表生物群落的生存与演替。生态建设又需从生态环境的评价、规划着手,而生态环境的评价、规划又必须从植物的生境条件和习性出发,因此徐恒力进一步指出生存域研究的意义:一方面可刻画植物不同植种组成的群落共同生存的水、盐、土条件,为人工植被多样性选择提供依据;另一方面,有助于监测在水、盐、土条件变化时,各植种退化消亡的顺序以及在极端条件下土地沦为盐土、沙漠的可能性,以便针对不同情况提出相应的原生植被保护对策。

生存域刻画的是生境中的多个生态因子量的非线性组合状态,某一植种的生存域可以用下式表示:

$$R_i = f(e_i) \tag{1-1}$$

式中　R_i——i 植种的生存域;

　　　e_i——影响 i 植种的生态因子,$e_i = (e_{i1}, e_{i2}, \cdots, e_{in})$,$n$ 表示生态因子个数,生态因子指光照、气温、土壤水吸力、含盐量、有机质、温度、通气性等。

一个或多个环境要素的变化会使生态因子组态随之产生变化,而组态的变化则是植物生长状况发生演替的直接驱动因素,组态保持基本稳定,则植物也将处于宏观稳定态。

生存域研究的核心问题是从理论和方法上探索如何刻画影响植物生存的生态地质因子及各因子之间的相互作用,因而没有必要选取所有的影响因子,故以植物的限制因子作为刻画生存域的生境要素。这种降维处理方法可简化问题,使研究更具操作性,且能抓住组态的关键性要素,较准确地反映不同植物植种间生存域的差异。

生存域研究的关键问题是典型植种的选择。徐恒力认为选择的典型植物植种应涵盖乔木、灌木、草本 3 个生活型植种,对应代表植物群落的 3 个主要"层片",且都为这 3 个"层片"的优势种,它们对区内植被生态系统的稳定至关重要。但受限于经济技术可行性,须筛选出研究区的代表性植种。一年生草本植物根群所处的层位由于靠近地表,受太阳辐射、降水、蒸发等因素的影响,层内水分、盐分、温度、有机质等理化指标波动较大,涨落明显,调查其地下小生境条件可能难以真实反映多年水平,即用于一年生草本植物生存域存在失真的可能。与之不同的是,对于多年生植物而言,其根群所处层位由于上覆土层的存在,对外界干扰所产生的响应较小,土壤层中水分、盐分、温度、有机质等理化指标的波动较小,多年生优势植种在样地内经过一年四季的轮回变化和多年的气候波动,与本地气候条件长期适应,地下小生境条件短期内的随机变化只对种群数量、个体长势、年龄结构等方面产生影响。只要不影响植物的生存,就说明地下小生境条件就在其生存域内。除此之外,多年生优势植种决定着植物群落的结构,可以起到防风、固沙及改善土壤质量的作用,故应作为生存域研究的目标植种。

在生境资源匮乏的西北干旱区、半干旱区的生存域研究中,徐恒力(2003)选取了土壤水吸力、含盐量两个限制性生态因子进行圈划,并指出植物的演替不是线性的,存在多种可能。周爱国(2001)基于生存域理论,对额济纳盆地生态系统退化的地质生态学机制进行研究,并提出了相关生态恢复方案。崔长勇(2004)在额济纳盆地生态系统的研究中指出生存域宽的植物更能适应恶劣的环境,可有效提高植物群落的稳定性。张俊(2014)以土壤水盐为变量进行生存域圈划,并预测了地下水位下降对植被的影响。

综合现有研究来看,植物地境理论把土壤垂直剖面上的水分、盐分、有机质含量的分布范围进一步缩小和集中,即实现了由立体空间到面到点的转化;在囊括了植物在不同生长季节、地点等有关时空尺度的基础上如实反映植物在整个生命过程中的生存条件;此外可以区分同一样地不同植种对水肥条件需求的差异,因而对植种生境研究有重要的指导意义。但现阶段植物地境理论仍存在以下不足:

(1)植物地境理论仍处于发展和完善阶段,要确切地知道各植种的地境稳定层深度并形成指标体系还须做大量的调查和研究工作。

(2)植物地境理论的研究及实践多集中于干旱区、半干旱区或高陡岩质边坡等植物生境条件相对恶劣、地境资源相对贫乏的区域,其应用范围有待进一步拓展。

植物生存域克服了以单一植种对某一因子的耐受性关系为出发点的原有研究思路的缺陷,其相关方面的研究方兴未艾,为生态地质学学科的完善和发展提供了新的方向。但现阶段植物生存域相关的研究仍存在以下不足:

(1)相关研究及实践多集中于我国西北干旱区、半干旱区,其应用范围有待进一步拓展。

(2)相关研究及实践多针对山地生态系统,尚未见关于河岸带生态系统的地境结构及生存域特征的探讨。

(3)限制性因子均为含水率与含盐量,尚未见含水率与有机质、水解性氮、有效磷、速效钾等土壤肥分指示性因子组合的有关研究。

1.2.2　湿地生态水位研究现状

1.2.2.1　湿地生态水位概念及国内外研究现状

目前,针对湿地生态水位的研究较多,但大多针对湿地的最低生态水位进行研究。如李新虎(2007)、David(2002)、朱婧(2007)从水质和水量两方面对湿地生态水位进行研究,认为湿地生态水位是维持生态系统正常运行的合理水位,而最低生态水位是维护生物多样性和生态系统完整性、不对生态环境及自身产生危害的最低运行水位。徐志侠(2004)在对湿地最低生态水位计算方法进行研究时认为,最低生态水位是维持湿地生态系统不发生严重退化的最低水位。崔保山基于生态平衡概念提出,湿地最小生态水位为保证特定发展阶段的湿地生态结构稳定、保护生物多样性及确保湖泊水资源功能正常发挥所必需的、一定质量的水位。刘慧英(2011)根据 Gleick 对于湿地生态水位的定义,认为湖泊湿地中水面面积保持稳定的部分所对应的水位即为湖泊湿地的最小生态水位。杨薇(2020)通过总结其他学者对白洋淀湿地生态水位的研究成果,认为广义上的湿地生态水位指湿地为维持自身存在和发展及发挥湿地应有的生态环境效益所需要的水位。崔丽娟(2006)从湿地生态保护角度提出湿地生态水位概念,认为湿地生态水位是为解决和恢复湿地生态问题及实现湿地保护目标所需要的水位。但在不同地区不同湿地所要实现的湿地保护目标是不同的,因此在不同湿地使用时需根据研究对象确定不同计算指标。

Gleick(1996)认为生态水位就是恢复和维持生态系统健康发展所需的水位,提出了实现生态恢复的基本生态水位的概念,也即能够最大限度地改善生态系统状态包括生物多样性保护和生态系统完整性维持等所需要提供给天然生境的水位,并认为它不是一个固定的值,而是一个范围,所要实现的是自然生态系统的平衡。余勋(2014)、黄小敏(2011)从生态学中耐受性的角度对生态水位进行考虑,认为水是湿地生态系统中的一个关键环境因子,因此生态水位具有像生态幅一样的特质,即存在一个可耐受范围。王泓翔(2020)认为湿地生态水位是指维持湿地生态系统结构功能完整性所需的水位,包括水位的变化范围和过程。刘越从首次提出生态干旱水位,以生态适宜水位、生态干旱水位、生态破坏水位 3 个特征水位刻画生态水位的范围,考虑到湿地生态系统对不同阶段水位值的反应。

根据以上研究可发现,在针对湿地生态水位概念的讨论中,大多数生态水位概念与研究对象结合较为紧密,根据研究对象的不同,湿地生态水位概念就不同,但大多是从湿地生态系统结构及功能出发,以湿地生态系统健康运行、生态环境不受损害为最终目标进行拓展。因此,本次研究基于前人研究并结合研究对象自身特点提出湿地生态水位概念。针对此次研究位于湿地边缘、水位波动受人类活动扰动较大的特点,认为湿地生态水位应为维持汤阴湿地生态系统功能正常运行及发挥湿地生态环境效益所需要的水位,须考虑湿地生态系统中各项生态指标与环境的对应关系。

1.2.2.2　生态水位计算方法

针对湿地生态水位的计算方法较多,国内很多学者针对许多大型湿地采用不同的方法进行研究,并对比计算结果来评价计算方法的适用性,如崔保山等(2005)、刘静玲(2002)、赵翔(2005)、孙书华(2008)基于水文学原理提出了多种计算湿地最小生态水位的方法,并在白洋淀湿地进行应用比较,主要有功能法、曲线相关法、最低生态水位法、水量平衡法、换水周期法、最小水位法、水量面积法、年保证率设定法、最低年平均水位法,认为不同计算方法在白洋淀湿地均有一定的适用性。

徐志侠、陈长清利用天然水位资料法、湖泊形态分析法、生物空间最小需求法对南四湖湿地最低生态水位进行了计算。孟凡志基于水位-库容曲线利用水量平衡进行兴凯湖湿地生态水位计算,并结合历史数据进行了验证,确定了该方法在兴凯湖湿地的适用性。叶朝霞通过湖泊形态分析法、水量平衡法对干旱区东居延海湿地进行生态水位计算,得到最低生态水位和适宜生态水位,并针对黑河干流调水提出方案。彭也茹、梁婕、黄兵等对天然水位资料法进行了改进,通过多种方法进行水文序列变异点分析,针对水文序列变异点之前水位序列进行概率分布函数拟合,最终确定湿地生态水位,并将这种方法应用于洞庭湖湿地水位的计算。吴玲玲提出了基于 Tennant 法改进的生态水位的计算方法,将Tennant 与年水位保证率相结合推求淮河流域入海水道处的生态水位,证明了该方法的适用性。淦峰基于 IHA 法提出了一种新方法,基于 8 个水位要素构建生态水位指标体系,并将这种方法应用于鄱阳湖湿地,得到鄱阳湖生态水位目标值变化范围,有较强的实际操作意义。郭强、黄宇云、陈玥利用 M-K 法和滑动 T 检验法等水文变异检验方法对长时间水文序列进行突变检验,并采用 IHA-RVA 法针对多个湿地进行生态水位的计算,验证了IHA-RVA 法在湿地生态水位计算方面的适用性。贺金对逐月最小径流计算法和逐月频率计算法进行改进,提出了基于丰、平、枯水年的逐月最低生态水位法和逐月频率计算法,并针对鄱阳湖生态水位进行了计算。陈贺在考虑湿地生态系统受扰动程度的基础上,提出计算湿地适宜生态水位的方法。

这些方法大都属于水文学方法,大多依赖大量的、长时间的历史水文资料进行计算,且对湿地的实际情况进行了简化,对湿地生态系统中生物需求及生物与环境之间的相互作用进行了一定的弱化。其中水量平衡法、换水周期法主要强调湖泊水文循环,需要考虑湿地内水体水量交换;年保证率设定法、最低年平均水位法、最小水位法需要大量的历史资料,主要针对有长期监测资料的大型湿地,而目前我国大部分小型湖库湿地缺少长时间的历史监测资料,无法利用这些方法进行计算。IHA 法考虑水位要素对生态系统的影响,但计算过程中并未涉及对水位与生态环境关联的考虑。

国内外针对湿地水文过程的研究较多,有相当一部分学者针对湿地生态需水量进行了大量的研究。生态需水量的计算方法与生态水位的计算方法基本没有差别,只是表述形式存在区别。生态需水以水量来表征湿地生态系统维持功能正常、结构稳定所需要的水量,以体积单位表示;生态水位则以水位来表征生态系统维持稳定所需要的水位,以高程单位表示。因此,湿地生态需水量可根据湿地湖底高程及湖盆形态进行换算,最终转换为湿地生态水位。赵晓瑜曾利用湿地生态水位相关数据对乌梁素海湿地的生态需水量进行计算。因此,可借鉴湿地生态需水量计算方法对湿地生态水位进行计算。汤洁、徐志侠在计算湿地生态水位过程中,引入生态需水量,将湿地生态需水量分为多个部分的需水量进行计算,最终获得湿地的生态需水量。戴向前利用湿地生态水文循环得到原理建立湿地生态水文模型,通过模型对湿地生态需水量进行求解。

衷平、刘慧英以生态水文学原理为基础,利用生态水位法、生态水文法确定不同湿地的生态水位,通过选取对水位变化较为敏感的指示物种的生长状况、产量情况确定最低生态水位系数和适宜生态水位系数,进而计算湿地生态水位。梁犁丽基于干旱区湖泊盐度积累、水量和水生生态系统关系提出了利用鱼类–盐度–水量关系确定最低生态水位的方法,并针对乌伦古湖进行了研究。宁龙梅、王学雷、代兴兰在对洪湖湿地进行生态水位计算时采用了生态水文法、生物最小空间需求法,通过比较得出生态水文法计算结果较为合理。陈昌才、袁赛博在对巢湖湿地生态水位进行计算时着重考虑水生植物对生态水位的需求,在巢湖选取对水位敏感的指示物种,以指示物种对生态水位的需求作为湿地生态水位。于晓龙根据东平湖水生生物生活史和种群分布特征,以水生生物的适宜水位确定东平湖的生态水位,并根据生态水位构建 DPSIR 模型,对东平湖进行了生态系统健康状况评价。

这些方法在计算过程中都或多或少地考虑了湖泊生态水位与湖泊生态环境之间的关联,这种关联主要依靠生态系统中的生物进行体现。功能法从湖泊水资源功能角度对湖泊生态水位进行计算,包括环境功能、生态功能、生产功能。使用功能法进行生态水位计算在不同区域所侧重的生态系统功能也不尽相同,主要侧重于生态功能和环境功能。生物空间最小需求法、最低生态水位法主要从生物生长状况、产量与湖泊水位之间关联入手,选取湖泊中对水位变动较为敏感的物种作为指示物种,根据物种生长状况变化情况确定湖泊生态水位。

计算过程针对单一指标进行计算,针对性较强,但缺乏综合性,因此更多学者开始着眼于提出一种具有综合性的计算方法。李新虎、刘永泉综合考虑湖泊的多个影响因素,提出综合指标法对湖泊最低生态水位进行计算。杨毓鑫在确定洞庭湖生态水位时采用了天然水位资料法、年保证率设定法、最低年平均水位法、湖泊形态分析法、生态水位法、生物空间最小需求法等。生态水位计算方法及优缺点见表 1-1。

表 1-1　生态水位计算方法及优缺点

计算方法		原理	优缺点
水文学方法	天然水位资料法	以历史长期水文监测资料为基础,认为天然条件下的多年最低水位是湖泊生态系统已经适应了的可以正常运行的最低水位。通过分析湖泊历史水位规律,将湖泊多年最低水位作为湖泊最低生态水位	优点:计算简单,易理解和接受。 缺点:需长序列水文数据;未考虑生物作用
	年保证率设定法	以历史长期水文资料为基础,根据合适的水位保证率利用水文频率经验公式确定相应的水文年,并确定相应水文年的生态水位	优点:数据易获取,不需要现场测定;计算简单快速。 缺点:较为粗略,未考虑生物作用

续表 1-1

计算方法		原理	优缺点
水文学方法	水量平衡法	依据水量平衡原理,在没有或较少人为干扰的情况下,湖泊水量的变化处于动态平衡。因此可根据水量平衡原理计算湖泊生态系统维持正常生态功能所需要的水量	优点:适用于水量丰沛的大型吞吐型、受人为干扰较小的湿地。 缺点:单纯考虑水量过程,未考虑生物作用
	IHA-RVA	依托于长期水文监测资料,通过对长期水文序列进行变异检验确定水位变异点,针对变异前水位进行频率统计,制作频率直方图获取出现频率最高的生态水位值。比较目标年的生态指标状况最终确定生态水位	优点:计算简单,易于接受;考虑生物活动与水位之间的关系。 缺点:需长序列水文资料及生态数据
	最低年平均水位法	根据历史水位资料进行最低生态水位计算。通过计算多年最低水位的平均值并考虑历史多年最低水位的平均值与最低生态水位的接近程度确定最低生态水位	优点:计算简单,适于干旱、缺水区域或人为干扰严重的湿地。 缺点:需要湖泊出入湖水量和最低水位,结果较粗略
	换水周期法	湖泊水量吞吐更新一次所需要的时间,与水质的好坏具有较为密切的联系,是判断湖泊水资源能否持续利用和能否保持水质良好的重要条件。可根据枯水期的出湖水量和换水周期确定湖泊的最小生态需水量	优点:不需要太多数据,简单实用。 缺点:在来水量较小的湿地比较受限
水力学方法	湖泊形态分析法	利用湖泊水位与湖泊水面面积相关关系确定湖泊生态水位。随着湖泊水位降低,湖泊水面面积不断减少,两者之间存在非线性关系,在湖泊水位处于最低生态水位时,水位下降,湖泊水面面积变化量显著增加。采用实测水位与湖泊水面面积资料建立湖泊水位-水面面积变化率曲线,湖泊水面面积变化率最大值对应的水位即为湖泊最低生态水位	优点:计算原理简单,易于接受。适用于湖底地形较为规则的区域。 缺点:需要大量湖泊水位与水面面积资料;未考虑生物作用
	水量损失法	基于水量平衡原理,认为湖泊最低生态水位即为湖泊耗水需水量,通过计算湖泊的蒸散发与渗漏水量之和扣除湖面降水量所得数值作为湖泊最小生态需水量	优点:数据易获取,不需要现场测定,计算快速,简单。 缺点:计算结果较为粗略,未考虑生物作用

续表 1-1

计算方法		原理	优缺点
生态水文学方法	曲线相关法	湖泊水量与湖泊生态系统功能之间具有内在的相关性。在确定湖泊水量时根据不同类型湖泊的具体情况建立生态功能指标体系,利用历史监测资料建立水量与生态指标相关曲线,曲线拐点水量为对应湖泊生态功能发生重大变化时的水量	优点:计算简单,考虑了水量与生态系统之间的相互关系。 缺点:需长序列水位数据及相应的生态数据;计算结果较为粗略
	生物空间最小需求法	用湖泊中各类生物对生存空间的需求进行生态水位的计算。湖泊的水位与生物的生存空间是紧密联系的,但确定每一种生物的生存空间是不现实的,因此选取湖泊中的指示物种(通常为鱼类)确定生态水位	优点:对湿地生物作用进行充分考虑,计算简单。 缺点:需大量生态数据,不易获取,且未考虑生物与水文之间的相互作用
	功能法	根据研究对象的生态系统功能确定湖泊生态水位主要相关指标,利用确定的指标进行生态水位的计算。不同区域的主要计算指标不同,主要为生态指标,如渔业、旅游业及水生植物所需要的生态水位	优点:遵循生态优先、兼容性和最大值以及等级制原则,系统全面地计算湿地生态水位。 缺点:需要大量生态数据,未考虑生态水文间相互作用关系
	生态水位法	以长时间序列水位资料为基础,做出水位频率直方图,选取出现频率最高水位作为适宜湿地的水文条件,并与生态环境状况进行对照,若生态环境状况也相应较好,则将该水位作为多年平均理想生态水位,计算生态水位系数,求取生态水位	优点:计算方法简单,易理解和接受; 缺点:需要长序列水文及相应生态数据
	综合指标法	将多种生态水位计算方法中设计指标进行综合,并对每一种计算方法通过专家打分赋予一定的权重,最终确定湖泊生态水位	优点:综合考虑多种不同计算方法之间的侧重点,较为全面。 缺点:计算过程中对各计算方法之间权重的赋值较为主观

由于汤河湿地规模较小且建成时间较短,所以针对湿地生态系统内各项生态指标监测资料不足,无法采用需要大量生态资料作为支撑的相关计算方法。但汤河湿地依托于汤河水库进行建设,该水库于 1958 年建成,具有长时间的水位监测资料,可作为计算湿地生态水位的依据。因此,本次针对汤河湿地进行湿地生态水位计算选择 IHA-RVA 法,IHA 法具有较长的发展历史,已经较为成熟,且计算较为简单,只需要长序列的水文数据。近些年多个学者基于 IHA 法进行改进,提出 IHA-RVA 法,在计算过程中考虑更加全面。此外,本次计算过程中还采取生态水位法进行计算,但在进行生态水位计算过程中选取水位频率取代指示湿地生态系统生长状况的生态指标,以此对湿地生态水位进行计算。因为湿地生态系统经过长期自然发展已适应湿地水位变化,所以这种方法具有较高的可行性。

1.2.3 河岸带研究现状

1.2.3.1 河岸带的定义

河岸带,又称滨岸带、岸边带,也被有的学者表述为河岸缓冲区。国外对河岸带的研究始于 20 世纪 70 年代。Meehan 等(1997)将河岸带定义为与水生生态系统直接相互作用的陆地植被区域。Swanson(1998)从生态功能方面考虑,认为河岸带是外至洪水到达的范围、上至范围内植物林冠顶端的三维区域。Gregory(1991)等综合考虑地貌、地表植被群落的演替、动物栖息地结构和水生生态系统营养资源,重点关注三维空间内陆地和水生生态系统的联系,从生态系统的角度提出河岸带的概念模型。Naiman 等(2005)学者认为河岸带还包括不直接受水文条件影响,但能为河漫滩或河道提供枝叶等有机物或庇荫条件的植被区域。Nilsson 将河岸带定义为高低水位之间的河床及高水位之上、直至河水影响完全消失为止的地带。美国农业部林业局(USDA Forest Service,2006)认为河岸带是水生生态系统和与其相邻的直接或间接受水体影响的部分陆地生态系统,在特殊情况下还可能包括直接为岸边野生生物提供栖息场所的部分山坡。美国的一些机构主要基于政治经济考量和水生资源功能价值的结合来建立缓冲区的定义,根据对河岸带功能的需求来确定其宽度和边界。对于大型河流,河流和山谷地貌以及与此相关联的动植物对河岸带的定义和划定具有不可忽视的作用,Verry 等(2004)认为,河岸带应包括河道、山谷洪水多发区及山谷每侧的 30 m 范围,以保障河岸带的关键功能;尽管河流的水文过程和对地貌塑造在小型河流中也发挥着作用,但是 Clinton 等(2010)认为它们在这类河流河岸带划分中的用处十分有限,Clinton 认为非生物(如水分、光、温度)和生物(如植被、林底动物和C 循环)变量的不同差异也可以用来划定陆地和河岸地区之间的边界,主张通过研究结构和功能特征,将河岸带与高地区分开来。

国内对河岸带定义的研究起步较晚,但起点较高。早期对于河岸带没有形成统一的称呼,尹澄清将内陆水生态系统和陆地生态系统之间的界面区称为内陆水-陆地交错带,简称水陆交错带,河流与陆地的交错带称为河岸边交错带。20 世纪 90 年代,陈吉泉将河岸带生态系统的概念引入后,国内对河岸带的称呼和定义才更加统一。陈吉泉将河岸的植被及其对鱼类、野生动物、养分、枯烂有机物、河边地理过程等的影响称为河岸生态系统,该生态系统所处的地带即为河岸带。

在系统的观点引入河岸带的研究后,越来越多的学者将河岸带描述成四维的空间,包括纵向、横向、垂向和时间分量。河岸带生态系统不仅是地理空间上的连续,更重要的是生物学过程及其物理环境的连续,系统内部及跨系统边界消耗和重新分配能量,塑造着这一开放系统的水文和地貌特征。夏继红等认为河岸带既要有水利学的内涵,也要包含生态学内涵,生态河岸带是指在保证结构稳定和满足行洪排涝基础上与周围环境相互协调、协同发展,保证社会、经济可持续发展,维持生物动态平衡的开放系统,其起始位置应由水边向下延伸到大型植物生长的下限,外至近岸陆域。综合国内外研究的成果,河岸带的定义分为广义和狭义两种:广义是指靠近河边植物群落包括其组成、植物种类多度及土壤湿度等同高地植被明显不同的地带,也就是受河溪有任何直接影响的区域;狭义指河水–陆地交界处的两边,直至河水影响消失为止。这两种定义过于模糊,在不同环境下可借鉴性差,如杨胜天等认为应依据水体特征及其所处的生态环境特征和研究的需要对河岸带的范围进行具体界定;韩路等认为,除河水的影响区域和河岸植物外,河岸带还应包括动物和微生物,是一个完整的生态系统;在研究干旱区河岸带时,张雪妮等认为植被受河流影响与否可从植被构成、植物多样性和土壤对植物限制因子的变化方面衡量。

针对河岸带生态的研究多为探讨单一方面的影响效果,且以观测研究为主,不同地区河岸带研究观测得到的现象和规律不尽相同。植被、水文和地形都决定了功能关系的类型、大小和方向,在这种情况下,某种研究中阐释的定义难以在所有河岸带中得到推广和应用。

1.2.3.2　河岸带结构与生态功能

1. 河岸带结构研究现状

河岸带生态系统的结构是指其内部各要素相互联系和作用的方式或秩序。系统的结构是系统保持整体性及具有一定功能的内在依据。研究系统的结构,是为了认识系统能够对外界发生作用的内在依据。现从河岸带生态系统的生物多样性、河岸带植被群落分布两个方面展开介绍。

1) 河岸带生态系统的生物多样性

河岸带作为河流生态系统与陆地生态系统之间的过渡区域,是典型的生态过渡带,有显著的生态边缘效应,丰富的生物多样性是最直接的体现。瑞典学者 Nilsson(1992)研究发现,河岸带植被的占比为瑞典维管植物的 13%;我国学者雷平等的研究表明,3 条河流河岸带植被的维管植物种类科级水平上占武夷山保护区总维管束植物的 41.5%,属级水平上占其 18.0%,种级水平上占其 11.9%。河岸带森林物种多样性、平衡性、密度及栖息鸟类密度均高于高地。在我国长白山二道白河河岸带稀有植物种类及物种多样性在中等海拔较高;研究洛河中游河岸带不同生境类型(河滩、农田、撂荒地和林地)草本层的物种多样性,结果表明洛河中游河岸带植物种类丰富,有 33 科 97 属 141 种;汾河河岸带的调查也发现物种丰富度高于森林植物群落。由此可见,河岸带的生物多样性保护功能,栖息地和资源提供功能,以及为生物提供分散和迁移路径的功能十分重要。

2) 河岸带植被群落分布

河岸带植被是河岸带结构与功能的核心,对维持湿地生态系统的稳定和发挥其生态功能起着不可忽视的作用,空间分布格局影响着河岸带生态系统的功能表达。大量研究表明,植被的成带分布现象是河岸带植被分布格局最显著的特征之一。国外关于河岸带植物群落分布格局研究主要集中于湖、海岸盐沼泽和红树林湿地。南非西海岸盐沼泽湿地,植物群落随河口距离的增加,表现出典型的带状分布格局。

牟长城等研究发现沿海拔梯度变化,长白山河岸带依次分布不同的林型。在河流纵向和横向的空间梯度变化上,河岸植物群落具有典型的斑块状分布格局。对人工湿地(水库)、沼泽湿地、河流湿地和湖泊湿地4类典型湿地植物群落空间分布的研究发现,从上游到下游植物群落表现出羊草群落—异穗苔草群落—无脉苔草群落—鹅绒委陵菜群落的明显转变;影响典型湿地草本植物群落结构特征的主要因素是土壤速效钾、全氮和碱解氮质量分数。有机质含量也会影响某些地方的植被分布。决定三江源河口带状湿地植被分布的主要因素是有机质、速效氮和水位。对黄河三角洲一带的带状盐沼湿地研究表明,限制盐沼湿地植被分布的主要因素是土壤盐分。何彦龙等也得出了除了土壤盐分,土壤含水量和土壤温度也是影响植物分布格局制约因子的结论。土壤养分对不同湿地类型的响应程度不同,这种差异又会反作用于植物群落,引起植物结构差异。

由此可见,植被分布是植物空间变化的一种生物地理现象,倾向于特定的模式,而不是某种偶然的现象,研究尺度和环境条件应该是考虑的主要因素。

2. 河岸带生态功能研究现状

河岸带是物质、能量通过景观的重要通道,同时也是陆地区域与河流区域之间的生境和廊道。在对河岸带的利用和管理中,如果只注重功能效益(如防洪)和经济效益,将可能导致河滩淤泥显露,生物多样性严重降低,河岸带生态系统严重退化的后果。因此,理解河岸带的多种生态功能对于河岸带的规划、设计、建设和管理都大有裨益。河岸带生态功能主要分为:廊道功能、保护物种多样性、净化功能、护岸功能、调节微气候等。

1) 廊道功能

廊道是组成景观的结构单元之一,指景观中与相邻两边环境不同的线状或带状结构。邬建国认为廊道具有生境、传输通道、过滤和阻抑作用,以及可作为能量、物质和生物(个体)的源或汇的作用。廊道有利于生物在不同生境间的迁移,从而降低了近交繁殖的不利后果,也减少了局域种群灭绝的偶然性;同时廊道也是一些生物栖息和繁殖的场所。河岸带廊道可以维持并改善地表水和地下水水质,从而促进生态系统的多样性和稳定性。廊道还可促进相邻地区之间物质和能量的交换,为该地区物种提供安全地带或其他资源,为生物提供分散和迁移的路径。

2) 保护物种多样性

河岸带作为水陆过渡带,受陆地和水生生态系统的双重影响,使得河岸带在不同的地点和时间具有很强的异质性,这种异质性能形成多种多样的小生境,使得众多的植物、动物物种能在这一过渡带内找到合适的生境,从而使物种的多样性得以保持,因此河岸带可以看作是重要的物种基因库之一。江明喜等在神农架香溪河流域做的研究表明,香溪河流域河岸带分布的维管植物种类在科级水平上占神农架总维管束植物的65.8%,在属级水平上占47.3%,在种级水平上占26.7%。

3) 净化功能

随着人口的增加和人类活动强度的增加,世界范围内的水体污染日趋严重,已经成为限制社会经济发展的重要因素和威胁人类身心健康的重大环境问题。从形式上,一般把水体污染分为点源污染和面源污染。相对来讲,点源污染比较容易控制和治理,而要治理面源污染就要困难很多,居于水陆交界处的河岸带对于河流水量和水质都具有较强的控制作用,河岸带被认为是行之有效的控制和治理水体非点源污染的生态系统。在农田与河道之间的河岸带,可以减缓径流、截留污染物。河流两侧一定宽度的河岸带可以过滤、渗透、吸收、滞留沉积物质和能量,减弱进入地表和地下水的污染物毒性,降低污染程度。

河岸带的净化功能主要是对氮素、磷和固体颗粒物的过滤。河岸带对氮素的过滤主要通过反硝化作用、氮的固定、植物吸收、氨挥发等。对磷的净化机制有:土壤和沉淀物吸附、微生物吸收、植物吸收等,其中最主要的是在地表径流中通过吸附在土壤颗粒和沉淀物上实现的。固体颗粒物的去除主要通过河岸带植被拦截降雨,减少地表径流量,同时减缓水流,使得固体颗粒物沉积在河岸带上。

4)护岸功能

赵警卫认为在自然状态下,河岸带对岸坡的保护作用主要是由河岸带植被来实现的。河岸带植被的茎、枝、叶可以截留降水、减缓地表径流、减弱降雨的冲击力,从而减少土壤侵蚀。水陆交界处的植被层可以降低河岸一侧水流流速,减轻水流对河岸的冲击力,降低水流的冲刷作用。河岸带植被根系与土壤的相互作用,增加了根际土层的机械强度,起到固土护坡的作用。河岸带植被的侧根还可以加强土壤的聚合力,通过土壤中根的机械束缚作用,增强土层的抗张强度;同时垂直生长的植被根系可以把上层土壤牢固地锚固到深层的土层上,增强了土体的迁移阻力和对滑移的抵抗力。

河岸缓冲带具有良好的水土保持功能,对于保护堤岸、减少土壤侵蚀均具有良好的效果。河岸植被缓冲带的存在可以有效减小裸露地表面积、减少外营力对土壤的干扰,从而降低地表径流对河岸的冲刷。此外,河岸缓冲带对径流沉积物的截留能力,不仅与径流流速和沉积物的性质有关,更与河岸缓冲带的植被密切相关,植被的根系、凋落物等可以较好地固持河岸的土壤,增强堤岸的抗侵蚀能力。

1.2.3.3　河岸带生态建设与保护

1. 退化河岸带生态功能恢复

河岸带生态系统退化的根本原因在于人类活动(如水利工程建设)。由于没有考虑人工构造物对生物及其生态环境的影响,必然导致水体的生态作用越来越小、水质恶化、生境的丧失或被阻断、物种减少等水生生态系统的退化。因此,退化生态系统的恢复已成为国际生态学研究领域的热点。根据生态学原理,通过一定的生物、生态工程的技术与方法,依据人为设定的目标,使河岸带生态系统的结构、功能和生态学潜力尽可能地恢复到原有的或更高的水平。

国外对退化河岸带生态系统恢复与重建的研究发展较快。美国南达科他州 Foster 河岸带生态恢复工程通过大量疏浚河岸带滩地和河道泥沙,验证了河岸带植被恢复和数量增加可以使河流水质得到改善、河溪滩地动植物生境得到恢复、生物多样性增加、河道和河岸稳定性增强、流水的侵蚀和沉积作用降低。美国佛罗里达州南部的 Kissimmee 河生态恢复工程计划在 15 年内恢复长 70 km 的河道和面积 11 000 hm^2 的湿地生态系统。1999 年加拿大学者 Stewart Rood 应用生态生理学原理,选择白杨树种,通过 3 个河坝放水控制试验,成功地恢复了美国内华达州 Truckee 河的河岸带滩地生态系统。Chrislopher 等研究了美国佐治亚州东部受核电站排出的热水和淤泥影响的 Savannah 河的河岸带退化生态系统,通过植树造林恢复了河岸带生态系统。此外,国外大量的河岸生态系统恢复和重建试验研究工作主要是通过利用恢复和重建后的岸坡植被对水陆生态系统间的物流、能流、信息流和生物流起到廊道、过滤器和屏障作用的功能,进行水土污染治理,控制水土流失,保护水岸,增加动植物物种种源,提高生物多样性和生态系统生产力及美化环境等。

国内的相关研究多集中在理论探索方面。如朱季文等对太湖湖滨带的生态建设建议采用恢复与重建湖滨湿地植被、湖滨带、入湖河道沿岸与河口植被、实施农业生态工程与水土保持工程等措施。张建春等根据河岸带的构成和生态系统特征,将河岸带的生态重建概括为生物重建、缓冲带生境重建和生态系统结构与功能恢复 3 个部分。黄川等针对三峡库区湖滨带的特殊情况,认为最好的选择是以植被工程为主、土石工程为辅的规模性治理,实现库区生态系统的恢复与重建。杨海军等提出退化河岸生态系统修复的主要内容应包括生物生存的生境缀块构建研究、适于生物生存的生态修复材料研究以及河岸生态系统恢复过程中自组织机制研究。颜昌宙等认为水位的涨幅变化和水质条件是河岸带最重要的决定因素,它不仅影响河岸带生态环境的理化性质,而且也是最终选择河岸湿地生物群落的主要因素之一。

由于人类对河道周围盲目开垦和改造,破坏了河岸带生态的纽带作用,导致河流自我净化能力降低,河流污染严重。目前恢复和重建受损河流生态系统仍需要进一步加强,研究更有待深入。

2. 河岸带管理

保护河流的最终目的是对整个流域进行正确的规划和控制,河岸带的管理是重要的第一步,河岸带管理的目标是建立一个生机勃勃的河岸带生态系统和人类社会经济系统,既可持续产出又可使动植物生境得到保护,其措施之一就是建立缓冲带,以持久地保护水域和河岸带物种的生存。

河岸带管理需要遵循的原则为:①恢复河岸带生物物理特征,提高自然资源的利用价值。积极的河岸带管理在河源地区比在洪泛平原地区意义更大,对整个景观的保护将直接和间接地有利于对渔业、野生动植物和河水水质的利用和保护。②保护地表和地下潜水的相互作用对保持水域–河岸带生态系统的完整性是至关重要的。③允许小溪和河流横向迁移对河岸带生境的发展是必要的。河床的横向运动有利于河流与河床的相互作用,并产生丰富的生物和不同的环境斑块,河床的迁移对维持生物多样性意义重大,没有环境的异质性就会使河岸带生境高度单一化。④在管理和控制河流时应充分利用自然的河床水流特性,以提高水域和河岸带生物多样性和恢复力。⑤保护河岸带物种种源。对残存的、完整的本地动植物物种聚居地的保护及对没有恢复价值的外来种的消灭,对促进河岸带生态系统的功能有较大作用。⑥提供和扩大河岸带的娱乐旅游服务设施,以方便居民和旅游者。

1993 年,森林生态系统管理评估小组就在其向政府提交的报告中阐述了在景观尺度上进行河岸带管理,Ward 认为生态系统管理必须在景观的尺度上保护和恢复生物多样性,并从河岸景观的角度出发论述了生物多样性格局、干扰和水域生态系统保护等问题。

随着景观生态学研究手段的发展,GIS 在河岸带管理和效益评价的应用也日益增多。Weller 等建立了有关的景观模型来描述河岸带宽度变化及其与景观输出间的关系,┨等开发了河岸带生态系统管理模型来量化不同区域状况下缓冲带对水质的保护作用。生态学模型在应用上仍存在不足,需要在未来的应用中不断完善,但它使得河岸带管理能够量化和具有预测性,无疑促进河岸带管理的科学化。

在我国对河岸带植被管理方面的生态学研究很少,往往重点考虑河岸的娱乐功能,且多集中在城市河道,大多忽略河流的生态功能,河流及河岸带的生态环境并未真正得到恢复,对河岸带管理方面的研究还有许多问题亟待解决。

1.2.3.4　研究中存在的问题

以上国内外研究尽管取得了很多成果,但还存在着不足:

(1)河岸带的内涵和科学定义不统一。

目前对河岸带的称呼、定义仍不统一;对于河岸带的范围,即具体的起止边界并没有明确的界定。本书将依据河岸带所处的生态环境特征,给出河岸带具体的定义并对其范围进行具体界定。

(2)河岸带范围圈划的依据与方法仍有争议。

现有确定河岸带边界的方法较多,大多针对水量充沛的中大型河流。在众多方法中找出适合圈划汤河这类小型河流河岸带的方法仍需研究,当前研究并未对河岸带下边界给出划分方法。

(3)河岸带生态系统研究缺乏系统性。

目前,河岸带的研究以实体结构为主且系统性的定量研究比较缺乏,研究尺度大多在微观与中观水平上,缺少从景观角度及流域尺度上对河岸带的定量研究。

(4)汤河流域内河岸带系统性研究亟待加强。

目前,对汤河的研究主要集中于汤河湿地,针对的是上游鹤壁市内汤河的水文效应模拟和汤河国家湿地公园的建设,缺乏对汤河全流域河岸带的系统性研究。

1.2.4　汤河生态系统研究现状

汤河及汤河湿地对流域生态环境有着极为重要的作用,近年来在研究中越来越受到重视。崔杰石(2016)运用 SWAT 模型模拟汤河面源污染时空分布,定量分析气候变化对汤河面源污染的影响,为汤河面源污染模拟及污染控制提供了参考。崔杰石运用 SWAT 模型和 VIC 模型,对比分析了不同分布式水文模型在汤河流域的适用性和模拟精度,得出 SWAT 模型模拟的径流深相对误差和确定性系数均好于分布式水文模型 VIC 的结论。吴建鹏分析了汤河流域 1970—2015 年土地利用/覆被变化特征,评价了地理国情普查数据在 SWAT 模型水文模拟中的适用性,模拟分析了汤河流域土地利用/覆被变化下的水文效应。

赵祎等(2015)对汤河国家湿地公园的湿地生态系统、湿地环境质量、湿地景观 3 类项目 14 个因子进行评价,评价结果为公园的生态系统整体优秀,其中湿地生态系统、湿地景观为优秀,湿地环境质量为良好。刘波等基于汤阴汤河国家湿地公园内水生植物配置现状,对湿地公园的保育区、恢复重建区、合理利用区的水生植物配置提出了建议,对湿地公园生态系统的保护和完善及湿地公园建设具有指导意义。汤河旅游资源丰富,外部环境良好,具有丰富的自然资源和人文资源,丁晓楠认为适合开发温泉旅游,并从市场、资源、开发模式等角度对温泉的开发进行分析。赵祎等建立 SWOT 分析矩阵,认为汤河国家湿地公园拥有良好的区位条件、丰富的动植物、深厚的文化资源等优势,但存在一定外源污染、管理经验不足、知名度不高等劣势,提出河南汤河国家湿地公园发展生态旅游中突出地方特色、加强公园形象策划传播、提高知名度等对策建议。这些研究成果,为研究汤河湿地河岸带特征提供了重要的参考。

目前的研究主要针对上游鹤壁市内汤河的水文效应模拟和汤河国家湿地公园的建设,对汤河流域河岸带系统性的研究存在空白。本书就是为了弥补这些不足,开展对汤河河岸带的研究,为汤河流域生态环境和生态文明建设提供有益的探索。

1.3　研究内容

1.3.1　关于植物生存域研究

植物生存域是对植物地下生存空间的量化,研究的重要意义在于能够有针对性地指导相关地区的生态修复,科学构建植物地境,提高植物成活率,保证修复效果。

1.3.1.1　植物优势种的确定

优势种是植物群落各层中数量最多、分布最广、对生境条件影响最大的种类。选取植物高度、胸径、基径、盖度、密度、生长状况等作为种群的形态学指标进行评判,将植物长势划分为良好、一般、较差 3 个等级。采用多度、密度、频度、优势度、重要值等指标分析研究群落组成及结构特征,以确定流域各生态子系统的植物优势种(包括共建种、亚优势种等)。

1.3.1.2　植物地境稳定层的确定

植物地境稳定层由根群(根系的主吸收功能区的简称)所处的空间范围来指示,其形成是土壤水肥条件与植物根系空间之间长期耦合的结果。依据根系的分布特征,对各样坑不同生活型植物的根群范围进行圈划,并结合地境结构分析结果确定各生态子系统的地境稳定层。

1.3.1.3　生存域的圈划

将研究优势植种所在样地根群范围的多个限制性因子分析结果(组态)进行组合,拟用封闭曲线进行圈划,所得到的封闭区域即为植种的生存域,并根据圈划区域内限制性因子的不同组态来确定各植种的生活习性及最适水肥条件。

1.3.1.4　生存域的叠加分析

将各生态子系统中同层位优势种的生存域进行叠加处理,依据所呈现出的相交、包含等特征分析探讨各植种的适生条件与种间关系,并确定保护各生态子系统植物群落多样性的土壤肥分优选方案。

1.3.2　关于汤河河岸带变迁及生态效应研究

河岸带有水文调节作用和重要的生态功能,其生态环境状况将会影响到河流水生态环境安全,无论从生态学、景观学或经济角度,对人类社会环境都具有重要的意义。通过调查汤河河岸带生态现状及长时序的变迁过程,研究在此过程下的河岸带变化及其生态效应,分析在人类干预条件下的河岸带特点及对生态的影响,为保护河岸带生态系统及河流生态系统的健康提供科学依据。

1.3.2.1　河岸带的概念探讨

鉴于目前学界对河岸带的定义还没有统一的认识,本书拟根据汤河河岸带特征进行河岸带概念的研究。从景观生态学、系统论及地境稳定层等方面,给出河岸带的概念,为后续研究概念和范围奠定基础。

1.3.2.2　河岸带圈划的依据与方法

河岸带的研究、保护、恢复及管理都需要对河岸带的边界进行科学测定。结合遥感图像和野外调查,以局部地形地貌、植被物种组成、景观差异为依据,来划分河岸带与高地群落边界。

1.3.2.3　河岸带生态格局与景观格局变迁分析

不同河段区域河岸带的形态、宽度、坡长和植被分布等特征不同,生态格局与景观格局也不同。利用遥感影像数据,提取植被覆盖在整个河岸带范围内的变化特征。利用土地覆被类型解译结果及野外调查成果,分析土地覆被类型的变化、水体的变迁及植被的空间分布和组合特征,分析研究区景观格局变化过程、驱动因素,分析景观格局变迁对生态系统的影响。

1.3.2.4　河岸带生态系统的结构与功能及其变化

利用野外调查结果,结合前人研究成果,研究河岸带生态系统结构、功能及其变化。研究子系统内部的相互作用及变化程度,并从河流近水岸向内陆方向植物变化角度,整体把控河岸带的结构。利用遥感数据土地覆被方式变化展开讨论,进而对河岸带结构变化进行分析。同时,从河岸带护岸作用、水质保护、景观作用、生物多样性等功能角度,对3个生态子系统的功能分别展开分析,并对其变化展开论述。

1.3.2.5　人类对河岸带的改造及其生态效应

人类对河岸带的改造是现代河岸带变迁的主要动力之一,裁弯取直、砌石护岸、植物培植等人为地改造了河流的河岸带形态和生态功能,所产生的生态效应既有积极的也有消极的,如何兴利除弊,合理适宜地对河岸带进行干预,也是河岸带生态效应必须研究的课题。

1.3.3　汤河湿地生态水位研究

湿地是地球上不可或缺的重要资源,在地球生态系统中扮演着重要的角色。湿地生态功能不仅影响着湿地自身生态系统的健康状态,并且对湿地周边甚至整个流域都产生着巨大影响。湿地作为流域中大型的地表水汇水区,会对流域地表径流产生影响,同时湿地水体蒸发也对湿地周边气候产生影响。而水是湿地重要资源之一,是湿地发挥其相应生态功能的基础。本书通过对汤河湿地生态结构及生态功能进行研究,发现汤河湿地生态系统中存在的问题,并针对湿地水位问题进行重点研究,具体研究内容如下:

(1)针对汤河湿地生态系统结构及部分功能进行相关调查。生态系统结构调查主要选取湿地植物群落在水平及垂直方向上的空间结构变化规律进行刻画,包括水平分带性调查、垂直分层性调查等;功能调查以植物物种多样性维持功能调查、纳污功能调查为主。

(2)利用 2014 年和 2019 年两期 GF-1 遥感影像,选取叶绿素 a 浓度及固体悬浮物浓度为解译指标对汤河湿地水体进行高清晰度的水色遥感。通过水色遥感相关结果,探究汤河湿地水体不同区域叶绿素 a 及固体悬浮物分布情况,对汤河湿地水质空间变化情况有直观的认识。

(3)采用滑动 T 检验与 M-K 变异检验对 1960—2019 年水位数据进行水文变异检验,计算水文变异点,并结合实际年均水位变化情况确定长序列水文数据中是否存在变异点,以及变异点所处位置。利用 IHA-RVA 法与生态水位法两种计算方法对汤河湿地生态水位进行计算,计算过程中针对水文变异点前后的水位数据分别进行计算,并最终根据湿地生态系统实际情况确定生态水位变化范围。

(4)建立水位调控模型。针对汤河湿地生态水位变化情况提出相应的调控措施及调控方案,使湿地生态水位维持在正常水位范围内,使汤河湿地生态系统结构保持稳定,使湿地各项生态功能正常发挥。

第 2 章　研究区概况

2.1　自然地理

2.1.1　地理位置

汤河流域位于太行山东麓向华北平原过渡地带（114°08′45″~114°18′33″E，35°50′33″~36°00′53″N），海拔为 150~400 m，流经鹤壁市、汤阴县、安阳县、内黄县境内，至内黄县西元村入卫河，属海河卫河上游水系。汤河流域西临淇河，南接卫河，东北以安阳河为界，地势西高东低，流域面积 1 287.0 km²，干流全长 73.3 km，其中鹤壁市境内 9.1 km，汤阴县境内 51.2 km，安阳县境内 10.0 km，内黄县境内 3.0 km（见图 2-1）。

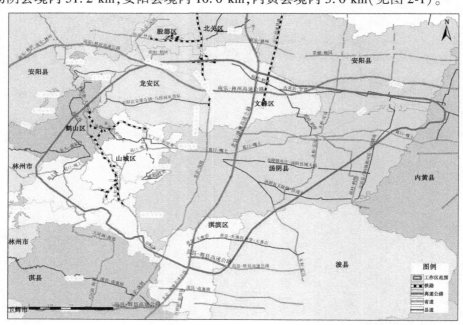

图 2-1　汤河流域地理位置图

2.1.2　水文气象

该研究区属北温带大陆性季风气候，兼有丘陵向平原过渡的地方性气候特征，气候温和，四季分明，无霜期长。春季干旱多风，夏季炎热雨量充沛，日照充足。秋季天高气爽、温差大，冬季寒冷、雨雪少。

年平均气温 13.7 ℃，最冷月平均气温 -1.5 ℃，最热月平均气温 26.8 ℃。历年极端最高气温 42.9 ℃,极端最低气温−20.9 ℃;年平均降水量 587.1 mm,主要集中在 5~9 月,最大降水量 1 247.1 mm,最小降水量 276.6 mm;年平均相对湿度 66%,最小相对湿度 2%;平均无霜期 283 d;年日照时数 1 787.2~2 566.7 h,日照率为 53.2%;最大风速 24 m/s,年平均风速 2.9 m/s,出现频率最高的风向为 S(南);年平均蒸发量 1 562.1 mm;年雷暴日数 27 d,主要气象灾害有高温、干旱、低温连阴雨、暴雨。

该研究区的地表水为地表径流,来自天然降水,年降水总量为 5.05 亿 m³,地表径流年平均值 100 mm,径流总量 6 460 万 m³。偏枯年份地表径流深 75 mm,径流量 4 680 万 m³。

该研究区的地下水多属于第四纪松散含水层,丘陵属第三纪风化岩石与裂隙水,浅层地下水可采量为 8 207 万 m³。

2.1.3　地形地貌

研究区地形复杂多样,以低山丘陵为主,中下游分布河流冲积平地(见图 2-2)。土地覆盖类型多样,包括山地、丘陵、平原、洼地、荒草地、裸岩地及连片的城镇居民地和工矿用地等,流域内地形自西向东倾斜,起伏变化较大,西部山区坡陡,东部平原平缓,汤河水库上游河道比降 3/1 000,京广铁路以西至汤河水库河道比降 1/400~1/300,京广铁路以东平原比降为 1/2 500~1/1 000。汤河有两大支流:北支羑河,流域面积 625.0 km²,长度 50.0 km,于四伏厂汇入汤河;南支永通河,流域面积 353.0 km²,长度约 37.0 km,于双石桥汇入汤河。汤河双石桥以下左岸为广润坡蓄滞洪区,右岸为任固坡蓄滞洪区。

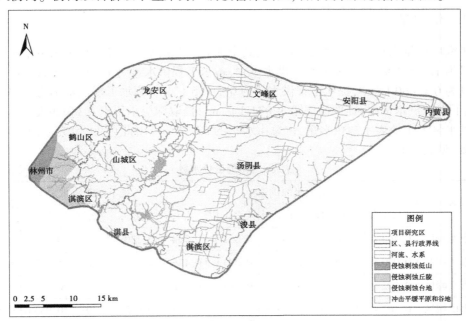

图 2-2　汤河流域地形地貌图

汤河上游属浅山丘陵区,比降陡,洪水流量和流速大,现状下游河道淤积严重,过水断面小,尤其是下游段四伏厂至入卫河口段,与上游来水量不适应,不足 5 年一遇,防洪标准低;现状堤防单薄,甚至无堤防,防洪基础设施薄弱;汤河逆卫河而入,受卫河水位顶托尤为严重,致使洪涝灾害频繁,严重威胁粮食生产安全,制约着社会经济发展。

2.2　流域水文地质概况

该研究区地下水分布主要受地层岩性和地质构造的控制,其次受地形、地貌和水文气象条件制约,西部盘石头背斜为地下水东西分水岭,地下水流向大致自西北向东南。

根据鹤壁市地下水赋存的岩类、赋存条件及水理性质,将本区地下水划分为松散岩类孔隙水、碎屑岩类裂隙孔隙水、碳酸盐岩类裂隙岩溶水和基岩裂隙水。又根据含水层的成因及差异将松散岩类孔隙水划分为冲洪积型砂卵石孔隙水和冲积型砂类土孔隙水亚类;碳酸盐岩类裂隙岩溶水划分为碳酸盐岩裂隙岩溶水(碳酸盐岩含量>90%)和碎屑岩夹碳酸盐岩类裂隙岩溶水(碳酸盐岩含量<30%);基岩裂隙水,除太古界变质岩呈片状分布外,岩浆岩均呈零星分布。

第四系松散岩类孔隙水广泛分布于东部缓倾平原、山前倾斜平原,其赋存条件受地质构造及地貌条件控制,富水性取决于含水层的岩性、厚度、埋藏条件以及接受补给条件。

河床部位及其两侧颗粒稍粗,以粉质黏土为主,厚度一般小于10 m,局部可达12 m。

2.3　水资源开发利用现状

2.3.1　供水量

研究区内供水总量为3.702 7亿 m³,其中地表水源供水量为1.726 4亿 m³,地下水源供水量为1.976 3亿 m³。地表水源供水量中,蓄水工程供水量为1.561 4亿 m³,引水工程供水量为0.060 0亿 m³,提水工程供水量为0.300 5亿 m³,调水工程供水量为0.191 0亿 m³;地下水源供水量中,提取浅层水1.974 4亿 m³,提取深层承压水0.001 9亿 m³。地下水源供水量大于地表水源供水量,占总供水量的53.37%。由此可见,研究区内开采地下水较多(见表2-1)。

表 2-1　研究区供水量　　　　　单位:亿 m³

分区	地表水源供水量					地下水源供水量			总供水量
	蓄水工程	引水工程	提水工程	调水工程	合计	浅层水	深层水	合计	
安阳市龙安区	0.762 8	0	0	0.031 7	0.794 5	0.139 7	0	0.139 7	0.934 2
安阳市汤阴县	0.070 8	0	0.032 1	0.074 0	0.176 9	1.522 2	0	1.522 2	1.699 1
安阳市文峰区	0.522 9	0		0.085 3	0.608 2	0.165 7	0	0.165 7	0.773 9
鹤壁市山城区	0.163 4	0.029 1	0.168 8	0	0.053 6	0.053 6		0.053 6	0.107 2
鹤壁市鹤山区	0.041 5	0.030 9	0.099 6	0	0.093 2	0.093 2	0.001 9	0.095 1	0.188 3
合计	1.561 4	0.060 0	0.300 5	0.191 0	1.726 4	1.974 4	0.001 9	1.976 3	3.702 7

安阳市龙安区供水量为 0.934 2 亿 m³,占总供水量的 25.23%;安阳市文峰区供水量为 0.773 9 亿 m³,占总供水量的 20.90%;安阳市汤阴县供水量为 1.699 1 亿 m³,占总供水量的 45.89%;鹤壁市山城区供水量为 0.107 2 亿 m³,占总供水量的 2.90%;鹤壁市鹤山区供水量为 0.188 3 亿 m³,占总供水量的 5.08%。由此可见,安阳市汤阴县供水量较多。

2.3.2　用水量

研究区内用水总量为 4.126 3 亿 m³,其中农业灌溉用水量为 1.893 3 亿 m³,占用水总量的 45.88%;工业用水量为 0.568 8 亿 m³,占用水总量的 13.78%;林牧渔用水量为 0.101 4 亿 m³,占用水总量的 2.46%;农村生活用水量为 0.083 4 亿 m³,占用水总量的 2.02%;城镇生活用水量为 0.495 0 亿 m³,占用水总量的 12%;城镇公共用水量为 0.021 3 亿 m³,占用水总量的 0.52%;生态环境用水量为 0.963 1 亿 m³,占用水总量的 23.34%。由此可见,研究区内农业灌溉用水较多(见表 2-2)。

安阳市龙安区用水量为 0.934 2 亿 m³,占总用水量的 22.64%;安阳市文峰区用水量为 0.773 9 亿 m³,占总用水量的 18.76%;安阳市汤阴县用水量为 1.699 1 亿 m³,占总用水量的 41.18%;鹤壁市山城区用水量为 0.430 8 亿 m³,占总用水量的 10.44%;鹤壁市鹤山区用水量为 0.288 3 亿 m³,占总用水量的 6.99%。由此可见,安阳市汤阴县的用水量较多(见表 2-2)。

表 2-2　研究区用水量、耗水量　　　　　　　　单位:亿 m³

分区	农业灌溉用水量	工业用水量	林牧渔用水量	农村生活用水量	城镇生活用水量	生态环境用水量	城镇公共用水量	总用水量	总耗水量
安阳市龙安区	0.127 7	0.116 4	0.034 7	0.022 8	0.075 6	0.557 0	0	0.934 2	0.465 6
安阳市汤阴县	1.306 5	0.222 0	0.035 8	0.040 8	0.093 1	0.000 9	0	1.699 1	1.288 4
安阳市文峰区	0.249 3	0.068 5	0.003 0	0.010 1	0.189 6	0.253 4	0	0.773 9	0.379 4
鹤壁市山城区	0.121 9	0.105 2	0.014 4	0.006 1	0.089 6	0.081 2	0.012 4	0.430 8	0.225 6
鹤壁市鹤山区	0.087 9	0.056 7	0.013 5	0.003 6	0.047 1	0.070 6	0.008 9	0.288 3	0.147 2
合计	1.893 3	0.568 8	0.101 4	0.083 4	0.495 0	0.963 1	0.021 3	4.126 3	2.506 2

2.3.3　耗水量

研究区内耗水总量为 2.506 2 亿 m³,其中安阳市龙安区耗水量为 0.465 6 亿 m³,占耗水总量的 18.58%;安阳市文峰区耗水量为 0.379 4 亿 m³,占耗水总量的 15.14%;安阳市汤阴县耗水量为 1.288 4 亿 m³,占耗水总量的 51.41%;鹤壁市山城区耗水量为 0.225 6 亿 m³,占耗水总量的 9%;鹤壁市鹤山区耗水量 0.147 2 亿 m³,占耗水总量的 5.87%。由此可见,安阳市汤阴县耗水量较大(见表 2-2)。

2.4 社会经济

汤河从上游到下游注入卫河,沿途流经鹤壁市、安阳市汤阴县、安阳县和内黄县。

山城区位于鹤壁市主城区西北部,总面积 197 km²,建成区面积 28 km²,辖 1 乡 1 镇 5 个街道办事处,63 个居委会,38 个行政村,总人口 30 万。已发现和可开采的矿产有煤炭、水泥灰岩、白云岩等 30 余种。工业经济基础雄厚,形成了清洁能源、新型建材、装备制造等三大主导产业,工业占生产总值的比重达到 75%。围绕三大主导产业,规划建设了石林、牟山两个产业集聚区。"十二五"时期,经济发展连续五年实现了较快增长,进一步促进经济高质量发展。"十二五"时期末全区地区生产总值突破百亿元,由 77.1 亿元提高到 107 亿元,年均增长 8.7%。全社会固定资产投资累计完成投资 442.3 亿元,为"十一五"时期的 3 倍,年均增长 24.4%。一般公共预算收入累计完成 20 亿元,为"十一五"期间的 3 倍,年均增长 24%。全社会消费品零售总额达到 32.9 亿元,是"十一五"时期末的 2 倍,年均增长 15%。2018 年,地区生产总值增长 8.5%,第三产业增加值增长 2.3%,规模以上工业增加值增长 10.9%,固定资产投资增长 13.2%,社会消费品零售总额增长 9.9%,一般公共预算收入增长 8.5%。

汤阴县下辖 9 镇 1 乡,共 298 个行政村,全县总人口约 50 万,其中城镇人口约 18.75 万,占总人口的约 37.5%,农村人口约 31.25 万,占总人口的约 62.5%,人均耕地 1.54 亩❶。

"十三五"期间,全县地区生产总值持续增长,由 2016 年的 111.2 亿元提高到 2020 年的 172.9 亿元,年均增长 8.6%;一般公共预算收入突破 17.3 亿元,年均增长 11.2%;全社会消费品零售总额达到 41.4 亿元,年均增长 7.1%;累计实现利用外资约 30 175 万美元,外贸进出口总额累计达 45.8 亿元,是安阳市首个年进出口突破 10 亿元的县区。2021 年,全县生产总值完成 175.4 亿元,同比增长 1.9%;第三产业增加值完成 78.2 亿元,同比增长 7.7%;社会消费品零售总额完成 44.6 亿元,同比增长 7.7%;居民人均可支配收入完成 2.45 万元,同比增长 7.8%;财政总收入完成 29 亿元,同比增长 18.5%;一般公共预算收入完成 20.1 亿元,同比增长 17.8%。

展望到 2035 年,基本实现社会主义现代化,建设美好汤阴,奋力争当豫北地区高质量发展标杆。综合经济实力大幅跃升,全县经济总量和城乡居民人均收入迈上新的大台阶,人均国内生产总值达到全省前列。城区品质大幅改善,乡村振兴取得重大突破,中等收入群体比重大幅提高;全面建成多层次、全覆盖、均等化的公共服务体系和民生保障体系,共同富裕率先取得实质性进展,人民生活更加美好。

---

❶ 1 亩 = 1/15 hm²,全书同。

第 3 章　　流域植被生存域圈划

3.1　　生态系统的划分

流域内不同生态系统的植物对地境条件的选择不尽相同,地境条件在空间上的差异控制着植被斑块的宏观格局,其变化对生态系统的演替起着至关重要的作用。研究以基于遥感的土地覆被解译和野外实地调查结果为依据,从土地覆被、景观、地形地貌、植被分布 4 个方面入手,将流域划分为陆地生态子系统和河岸带生态子系统,为探究各生态子系统的地境条件与相应植种之间的耦合关系打下基础。

3.1.1　　陆地生态子系统

选取 2019 年分辨率为 2 m 的 GF-1 号、GF-2 号遥感影像作为基础遥感数据,投影坐标系为 WGS 1984 UTM Zone 48N,所选影像拍摄于夏季无云、少云时段,纹理清晰,色彩明亮,成像效果较好,精度满足研究需要。在 ENVI 5.3 的支持下,对遥感影像进行辐射定标、几何校正、图像拼接、波段融合、影像融合等预处理工作。

在充分参考野外植物群落调查结果的基础上,采用基于最大似然法的监督分类与目视解译相结合的方法进行遥感解译工作,同时借助 Google Earth 和 91 卫图进行检查校正,以进一步提高解译精度。参考《土地利用现状分类》(GB/T 21010—2017)国家标准,将流域土地覆被类型划分为建设用地、水体、耕地、林地、草地 5 大类。因研究目标植种为原生植种,样地均布设于自然植物群落,避开耕地、建设用地等人为活动集中、人为改造明显的地区,故将林地、草地的解译结果划为陆地生态子系统的范围(见图 3-1)。

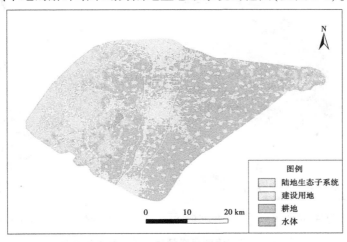

图 3-1　陆地生态子系统划分

汤河流域以耕地及建设用地两种土地覆被类型为主,两者在研究区内分布广泛。耕地面积最大,共 565.0 km²,占流域总面积的 43.86%,主要集中于流域中部、东部平原地区,呈面状分布,且集中于城镇周围;建设用地面积次之,共 380.5 km²,占流域总面积的 29.54%,主要于流域中部、北部、南部、西部呈片状集中分布,东部则呈点状集中分布,"斑块化"特征明显;受地形地貌影响,陆地生态系统面积共计 332.5 km²,占流域总面积的 25.81%,多集中于人类活动强度较低的西部山区,中部、东部则呈点状零星分布,植被类型以落叶阔叶林为主,植种多样性丰富,涵盖乔木层、灌木层和草本植物层 3 个层次,在调节流域小气候、涵养水源、保持水土、防风固沙等方面发挥着重要的作用;水体在流域内零星分布,共 5.6 km²,面积占比仅为 0.43%。

3.1.2　河岸带生态子系统

河岸带是河水—陆地交界处的两边区域,直至河水影响消失为止的地带,有较为全面的水文与生态过程,有清晰的水域—河岸带边界和河岸带—陆域高地边界。河岸带的范围和宽度与区域水文气象、地形地貌和人类活动方式及强度等因素的关系较为密切。研究选用景观差异、地形地貌差异、植被分布差异进行河岸带圈划。

在充分结合野外调查结果的基础上,选取 2019 年分辨率为 2 m 的 GF-1 号、GF-2 号遥感影像作为基础遥感数据,根据其色调、颜色、形状、大小、纹理、图形等影像特征采用非监督分类与目视解译相结合的方法进行遥感解译工作,同时借助 Google Earth 和 91 卫图进行检查校正,以进一步提高解译精度。

汤河流域河岸带生态子系统沿河流呈狭长带状分布(见图 3-2),涵盖流域为西部丘陵区、中部及东部平原区两个地貌区,起点位于鹤壁市鹤山区东头村,终点位于安阳市内黄县元村,长度共计 73.1 km,流域面积为 4.72 km²,占流域总面积的 0.36%。东头村至汤河水库段位于丘陵区,地形起伏较大,河岸带蜿蜒曲折,形态变化较大。

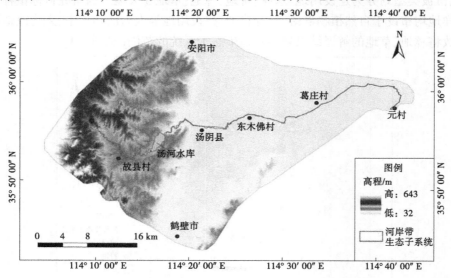

图 3-2　汤河流域河岸带生态子系统划分结果

　　汤河水库至元村段位于平原区,地形变化较小,地势平坦开阔,河道整治工作强度较大,河道平直,河岸带形态变化较小。

　　在景观差异方面:汤河属于卫河支流,为小型河流。与中、大型河流具有明显演替梯度的河岸植被不同,汤河部分河段植被类型较少,过渡不明显。河段多处于人为活动集中区,沿线城镇村庄密集。长期强烈的人类生产生活活动(耕作、城镇扩张、基础设施建设等)使河岸带与其相邻景观要素(耕地、道路、村庄、裸地等)之间土地覆被方式差异突出,异质性明显,对比度较高。

　　在地形地貌差异方面:人为活动可直接重塑河岸带的范围。在汤河水库以东的广大平原地区,筑堤修坝、河道硬化等整治工程和农田开垦、道路修建等工农业活动使河岸带—陆域高地边界处坡度陡升,与外侧陆地之间存在显著高差,呈现出的“阶梯状”的地形地貌。

　　在植被差异方面:与高处的陆地生态子系统相比,河岸带植种更丰富,多以湿生或喜湿草本、禾本植种为主,种群密度和生物多样性更高;河岸带—陆域高地边界处植被多由人工种植,以杨树等高大乔木为主,排列规整,亦见构树、臭椿等耐旱野生植种。

3.2　优势种的确定

　　优势种指群落中占优势的种类,通常是指群落每层中个体数量多、投影盖度大、生物量高、体积较大、生活能力强、对群落结构和群落环境形成起主要作用的植种,其在一定程度上影响着其他物种的生境,对评判植物群落的地境条件具有重要的指示意义。研究依次选用样方法、样线法对陆地生态子系统和河岸带生态子系统进行植物群落调查,在充分参考各植种产地生境、生活习性的基础上确定了陆地生态子系统乔、灌两层的优势种和河岸带生态子系统的优势种。

3.2.1　调查研究方法

3.2.1.1　野外调查

1. 样方法

　　样方法是生态地质调查的重要手段之一。样方即方形样地,是面积取样中最常用的形式,旨在调查研究区域内植物群落的数量特征、种群生长发育及分布状况,从而进一步明确不同植种在群落中的作用。样地是可反映植物群落季相、种群和结构等基本特征的具有代表性的地段,样地选择采用主观取样法,严格遵循以下原则:

　　(1)植种分布应有均匀性。

　　(2)结构完整,层次分明。

　　(3)生境条件应一致。

　　(4)位于群落的中心部位,避免过渡地段。

　　调查技术要求如下:

　　(1)样方应布设于群落结构完整、植物分布均匀、生境变化不大、代表性强、位于群落中心的典型地段;样方大小为 4 m×4 m。

（2）样方调查内容主要包括各植种的类型、数量、密度、生长状况、成活率以及各植株的基径、胸径、高度、冠幅、相对位置等指标。

2. 样线法

样线法指在某个植物群落内或者穿过几个群落取一直线（用测绳、卷尺等），沿线记录此线所遇到的植物并分析群落结构的方法，适于分析逐渐过渡的群落结构。具体操作步骤为：选定一块具有代表性的地段，并在该地段的一侧设一条线（基线），然后沿基线用随机或系统取样选出待测点（起点），沿起点分别布线调查记录样线两侧 0.5 m 范围内每种植物的个体数。

3.2.1.2　数据分析

优势种一般由重要值确定，重要值是表征某个植种在群落中的地位与作用的综合数量指标，重要值越大，表明此植种在群落结构中占优势程度越高。重要值的方法是从多度、株数、胸径和频度指数等指标进行综合统计。多度采用直接计数法，对样地内植物个体数目进行计数。株数反映不同树种的密度。胸径反映各树种的显著度。频度反映各树种出现的概率，用频度指数表示。

通过各植种重要值反映群落优势种，计算方法见式（3-1）～式（3-8）：

$$相对密度 = （某植种的个体数/所有种的个体数）×100\% \quad (3-1)$$
$$频度 = （某植种植物出现的样方数/全部样方数）×100\% \quad (3-2)$$
$$相对频度 = （某植种的频度/所有种的频度）×100\% \quad (3-3)$$
$$盖度 = （各植种垂直投影面积/样地总面积）×100\% \quad (3-4)$$
$$相对盖度 = （某植种的盖度/所有种的盖度）×100\% \quad (3-5)$$
$$相对优势度 = 某种植物的胸高断面积/所有种的胸高断面积 \quad (3-6)$$
$$乔木重要值 = （相对密度+相对优势度+相对频度）/3 \quad (3-7)$$
$$灌木重要值 = （相对密度+相对盖度+相对频度）/3 \quad (3-8)$$

3.2.2　优势种确定

3.2.2.1　陆地生态子系统

于 2020 年 7 月 4～24 日对陆地生态子系统进行植物样方调查，并于 2020 年 9 月 24 日进行补充调查工作，共布设样方调查点 37 个（见图 3-3）。

不同种类植物之间的配置影响着植物群落的发展和稳定性，调查显示乔木共有 19 种，灌木共有 3 种。依据公式，对样方内各植种的优势度、密度、频度、盖度等指标及其相对值进行统计计算，并依据相对密度、相对优势度、相对频度和相对盖度 4 项指标确定各乔木、灌木植种的重要值（见表 3-1、表 3-2），以确定优势种。

共调查乔木 524 株（见表 3-1），其中构树出现的样方数最多，共为 30 个，占总样方数的 81.08%，共调查 302 株，占调查乔木总数的 57.63%；杨树出现的样方数为 25 个，占总样方数的 67.57%，共调查 76 株，占调查乔木总数的 14.50%；楝树出现的样方数为 9 个，占总样方数的 24.32%，共调查 32 株，占调查乔木总数的 6.11%。杨树、构树和楝树占调查总株数的 78.24%，是乔木植物群落中分布最广泛、出现次数最多的 3 个植种。其中，杨树的重要值为 31.64%，构树的重要值为 29.28%，两者在分布范围和个体数量上占绝对

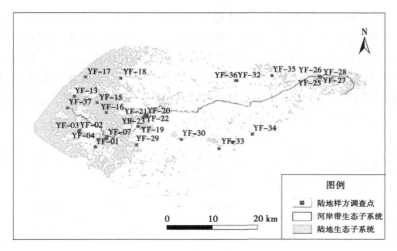

图 3-3 陆地生态子系统样方调查点位示意图

优势,为植物群落的建群种。楝树的重要值为 5.12%,但其分布较广泛,老年个体数目少,年幼个体数目多,种群类型为增长型。故杨树、构树和楝树 3 个植种在群落主要层——乔木层中共占优势,为共建种,三者共同决定着群落内容结构和特殊的环境条件。

表 3-1 乔木植种样方统计计算

植种名称	植株总数/株	频度/%	相对频度/%	相对优势度/($\times 10^3$)	相对密度/%	重要值/%
榆树	18	16.22	4.65	1.93	3.44	2.76
杨树	76	67.57	19.38	610.23	14.50	31.64
梧桐	8	5.41	1.55	63.14	1.53	3.13
棠梨	1	2.70	0.78	0.04	0.19	0.32
柿树	17	8.11	2.33	19.79	3.24	2.52
山桃	1	2.70	0.78	1.56	0.19	0.37
桑树	15	21.62	6.20	4.60	2.86	3.17
泡桐	4	5.41	1.55	113.36	0.76	4.55
楝树	32	24.32	6.98	22.82	6.11	5.12
鸡桑	2	2.70	0.78	0.08	0.38	0.39
火炬树	1	2.70	0.78	0.56	0.19	0.34
槐树	13	10.81	3.10	28.89	2.48	2.82
核桃	9	5.41	1.55	15.43	1.72	1.60
构树	302	81.08	23.26	69.64	57.63	29.28
刺槐	6	5.41	1.55	2.81	1.15	0.99
臭椿	11	18.92	5.43	5.77	2.10	2.70
柏树	5	8.11	2.33	34.25	0.95	2.23
白皮松	2	2.70	0.78	1.12	0.38	0.42
白杜	1	2.70	0.78	3.99	0.19	0.46

共调查灌木 149 株（见表 3-2），其中酸枣出现的样方数最多，共为 11 个，占总样方数的 29.73%，共调查 39 株，占调查灌木总数的 26.17%，重要值为 37.58%；黄荆出现的样方数为 8 个，占总样方数的 21.62%，共调查 108 株，占调查灌木总数的 72.48%，重要值为 59.94%。因黄荆在个体数量上占绝对优势，酸枣分布广泛，二者重要值均远大于其他灌木植种，故黄荆、酸枣在灌木层中共占优势，为该层的共建种。陆地生态子系统为乔－灌复层结构，黄荆、酸枣亦为植物群落的亚优势种。

表 3-2　灌木植种样方统计计算表

植种名称	植株总数/株	频度/%	相对频度/%	相对盖度/%	相对密度/%	重要值/%
黄荆	108	21.62	40.00	67.33	72.48	59.94
酸枣	39	29.73	55.00	31.57	26.17	37.58
杠柳	2	2.70	5.00	0.30	1.34	2.21

3.2.2.2　河岸带生态子系统

于 2020 年 7 月 4～24 日对河岸带生态子系统进行植物样线调查。对 76 个河岸带调查点的各植种的出现点位数进行统计（见表 3-3），共有草本植物 37 种、禾本植物 2 种，无灌木、乔木。

表 3-3　河岸带子系统植种出现点位数统计

植种类型	物种	出现点位数/个	植种类型	物种	出现点位数/个	植种类型	物种	出现点位数/个
草本	苘麻	20	草本	地毯草	19	草本	白茅	1
	稗	14		苋	3		田旋花	1
	苦荬菜	1		醴肠	3		益母草	1
	葎草	13		长芒稗	3		狼尾草	1
	艾	12		垂序商陆	2		黄鹌菜	1
	小蓬草	11		蓟	2		茜草	1
	红蓼	10		马齿苋	2		牵牛花	1
	披碱草	16		三叶草	2		沿阶草	1
	水花生	9		莲子草	2		苍耳	5
	牛筋草	8		马唐	2		猪毛菜	4
	鬼针草	7		狗牙根	15		荩草	4
	灰绿藜	6		蔗草	2	禾本	香蒲	13
	青蒿	7		蒲公英	2		芦苇	24

因一年生植物，受年水文气象（太阳辐射、气温、水位等）因素的影响较大，涨落明显，用以生存域圈划时恐存在失真的可能，故苘麻、稗、小蓬草、牛筋草、鬼针草、青蒿和灰绿藜等一年生草本植物虽然出现频率高，分布范围广，但不可作为河岸带生态子系统生存域研

究的目标植种。

在多年生草本植物中,地毯草出现点位数为 19 个,占总调查点位数的 25%;披碱草出现点位数为 16 个,占总调查点位数的 21.05%;狗牙根出现点位数为 15 个,占总调查点位数的 19.73%;葟草出现点位数为 13 个,占总调查点位数的 17.10%。以上植种多生长于道旁河岸、林边潮湿处,是山地草甸、草甸草原或河漫滩等天然草地适宜条件下补播的主要草种,被广泛应用于护坡、水土保持和防风固沙工作中,故选定为河岸带生态子系统的共建种。

在多年生禾本植物中,芦苇出现点位数为 24 个,占总调查点位数的 31.58%;香蒲出现点位数为 13 个,占总调查点位数的 17.11%;两者均为多年湿生高大禾草,生境多在沼泽及河流缓流带、江河湖泽、池塘沟渠沿岸和低湿地,繁殖能力较强,且具有一定的观赏价值,故选定为河岸带生态子系统的共建种。

3.3　植物地境稳定层的确定

地境稳定层是指在地境处于宏观稳定态时,植种根群占据的特定地境深度范围,也是地境生态功能层的基本单位。地境的稳定性与植物群落的稳定性互为因果,两者之间存在良好的负反馈机制。汤河流域总体地形地势平坦,海拔相差较小,气候因素区域性变化有限,流域内天然植被生长发育程度良好,多年生植物年龄结构稳定,故在宏观稳定状态下,区域植物群落特征由地境结构以植物与地境条件之间耦合的方式决定,这就使得在生态地质环境背景下,同一生活型植物的根系在地下的分布位置、展布范围基本一致。植物根系的分布往往呈现纺锤状,纺锤体中间部分根重大、根土比高、细根(根径<2 mm)数目多,是根毛最密集的部位,也是根系吸收水分、养分的主功能区,即"根群"。植种的根群范围是对地境垂向多样小环境的择优结果,在植物群落中,根群在地境中呈现出的"层片"现象体现了不同植种在长期的生存竞争中的最佳组合方式和地境的垂向生态结构及功能。研究选用样坑法对陆地生态子系统、河岸带生态子系统进行地境调查,并依据地境结构分析结果确定了各样坑的根群范围和各生态子系统的地境稳定层。

3.3.1　调查研究方法

样坑地境调查法是进行地境结构分析、探索植物与其地境条件的重要手段之一。以根群的"层片"现象为切入点,对样坑剖面中各层片的水肥条件进行分析,进而揭示其中的生态关系、地境生态功能及其分层效应。为充分体现植物群落的植种种类、结构特征及地境条件,样地内应包含尽可能多的生活型植种。

样坑开挖大小定为 1.0 m×1.0 m,多呈正方形或矩形,样坑开挖使主调查面尽量平顺,并应保持距乔木或灌木的基部 1 m 左右距离,开挖后在主调查剖面上依次完成以下工作:

(1)布设 10 cm×10 cm 的网格,对土层岩性进行鉴定分层。

(2)去除表面土,按自上而下的顺序,每 10 cm 间距读取温度、含水率数值,以分析样坑剖面温度及水分的垂向分布特征。

(3)再次修整剖面,按从左到右、从上到下的顺序统计 0~100 cm 内各个层的粗根(根茎>10 mm),中根(根茎为 2~10 mm)和细根(根茎<2 mm)的分布特征,死根不予统计。

(4)在主调查面上,由上至下每 10 cm 取 1 000 g 土样,测试有机质、含盐量、水解性氮、有效磷、速效钾及过氧化氢酶等土壤肥分指示性因子含量。

(5)综合调查测试结果,探究生活型植物的地境层片深度范围及各层位的水肥条件。

3.3.2　陆地生态子系统

3.3.2.1　各样坑根群范围的圈划

项目组于 2020 年 7 月 4~24 日对流域陆地生态子系统进行地境调查,共布设样坑 26 个(见图 3-4)。

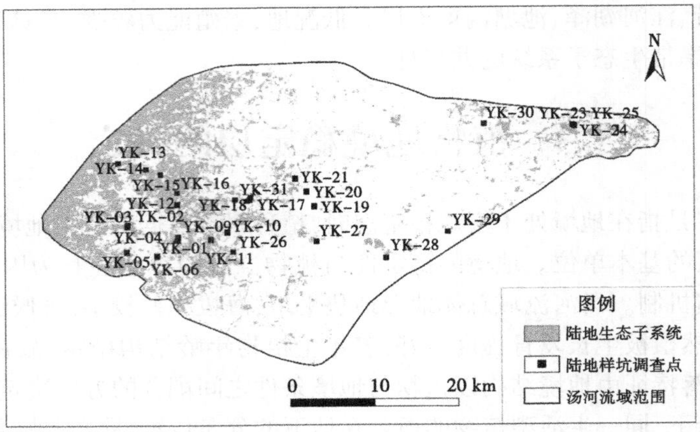

图 3-4　陆地生态子系统样坑调查点位示意图

YK-01 处植被涵盖乔木、灌木和草本 3 种类型。样坑调查结果显示(见图 3-5):细根数量总体上随深度的增加而逐渐减小,细根累计频率曲线斜率逐渐变小,其分布在垂向上呈现出 3 个层位。具体来说:0~30 cm 深度内细根数量最多,约占样坑细根总数的 60%,频率曲线两侧明显凸出,为该点草本植物的根群范围;30~60 cm 深度内细根数量明显变少,约占样坑细根总数的 30%,为该点黄荆等灌木的根群范围;60~90 cm 深度内细根数量较少,为构树等乔木的根群范围。

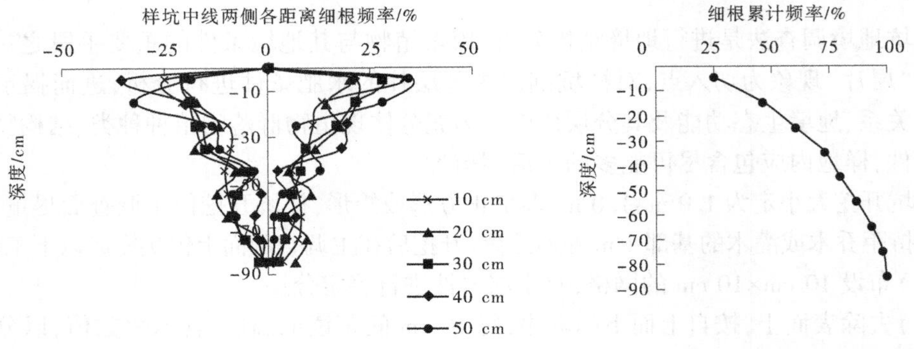

(a)　　(b)

图 3-5　YK-01 细根频率及累计频率曲线

YK-02 处植被涵盖乔木、灌木和草本 3 种类型。样坑调查结果显示(见图 3-6):细根数量总体上随深度的增加而逐渐减小,细根累计频率曲线斜率于 30 cm 深度处明显变小,随后逐渐减小,其分布在垂向上呈现出 3 个层位。具体来说:0~30 cm 深度内细根数量最多,约占样坑细根总数的 75%,频率曲线两侧明显凸出,为该处青蒿、金丝草等草本植物的根群范围;30~70 cm 深度内细根数量明显变少,约占样坑细根总数的 20%,为该处黄荆等灌木的根群范围;70~90 cm 深度内细根数量较少,为该处臭椿、山桃等乔木的根群范围。

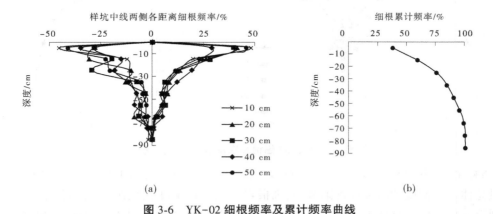

图 3-6　YK-02 细根频率及累计频率曲线

YK-03 处位于山顶,土壤厚度较小,未见野生高大乔木,偶见人工种植柏树,长势较差,植被类型以灌木、草本为主。样坑调查结果显示(见图 3-7):细根数量总体上随深度的增加而逐渐减小,细根累计频率曲线斜率于 20 cm 深度处变小,其分布在垂向上呈现出 2 个层位。具体来说:0~20 cm 深度内细根数量最多,约占样坑细根总数的 80%,频率曲线两侧明显凸出,为该处牛筋草、芨草等草本植物的根群范围;20~30 cm 深度内细根数量明显变少,约占样坑细根总数的 20%,为该处黄荆等灌木的根群范围。

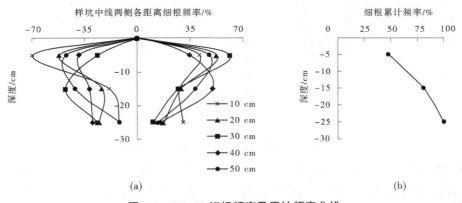

图 3-7　YK-03 细根频率及累计频率曲线

YK-04 处植被类型以乔木、草本为主。样坑调查结果显示(见图 3-8):细根数量总体上随深度的增加而逐渐减小,细根累计频率曲线斜率于 30 cm 深度处明显变小,随后逐渐减小,其分布在垂向上呈现出 3 个层位。具体来说:0~30 cm 深度内细根数量最多,约占样坑细根总数的 75%,频率曲线两侧明显凸出,为该处艾草等草本植物的根群范围;30~60 cm 深度内细根数量明显变少,约占样坑细根总数的 15%,频率曲线右侧明显凸出,为该处酸枣等灌木的根群范围;60~100 cm 深度内细根数量较少,为该处杨树、臭椿等乔木的根群范围。

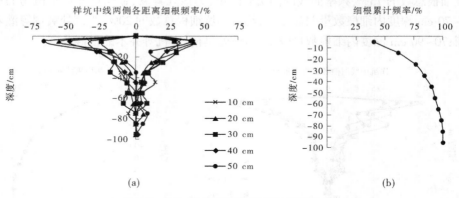

图 3-8　YK-04 细根频率及累计频率曲线

YK-05 处植被涵盖乔木、灌木和草本 3 种类型。样坑调查结果显示(见图 3-9):细根数量总体上随深度的增加而逐渐减小,细根累计频率曲线斜率逐渐变小,其分布在垂向上呈现出 3 个层位。具体来说:0~30 cm 深度内细根数量最多,约占样坑细根总数的 55%,频率曲线两侧明显凸出,为该处草本植物的根群范围;30~60 cm 深度内细根数量变少,约占样坑细根总数的 35%,频率曲线左侧明显凸出,为该处黄荆、酸枣等灌木的根群范围;60~100 cm 深度内细根数量较少,为该处杨树等乔木的根群范围。

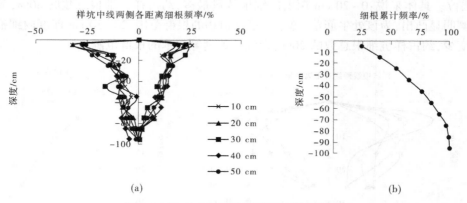

图 3-9　YK-05 细根频率及累计频率曲线

YK-06 处植被类型以灌木、草本为主。样坑调查结果显示(见图 3-10):细根数量总体上随深度的增加而逐渐减小,细根累计频率曲线斜率于 30 cm 深度处明显变小,其分布在垂向上呈现出 2 个层位。具体来说:0~30 cm 深度内细根数量最多,约占样坑细根总数的 80%,频率曲线两侧明显凸出,为该处苎草、狗尾草等草本植物的根群范围;30~50 cm 深度内细根数量明显变少,约占样坑细根总数的 20%,为该处黄荆等灌木的根群范围。

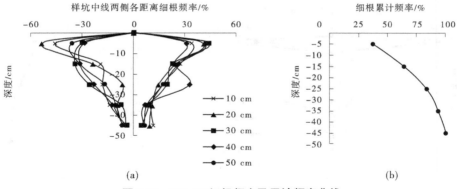

图 3-10　YK-06 细根频率及累计频率曲线

　　YK-09 附近植被类型以乔木、草本为主。样坑调查结果显示（见图 3-11）：细根数量总体上随深度的增加而逐渐减小，细根累计频率曲线斜率于 30 cm 深度处明显变小，其分布在垂向上呈现出 2 个层位。具体来说：0~30 cm 深度内细根数量最多，约占样坑细根总数的 85%，频率曲线两侧明显凸出，为该处青蒿、蓼草、狗尾草、灰绿藜等草本植物的根群范围；30~50 cm 深度内细根数量明显变少，约占样坑细根总数的 15%，为该处黄荆等灌木的根群范围。

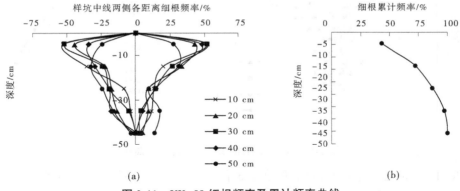

图 3-11　YK-09 细根频率及累计频率曲线

　　YK-11 附近植被类型以乔木、草本为主，乔木长势较差。样坑调查结果显示（见图 3-12）：细根数量总体上随深度的增加而逐渐减小，细根累计频率曲线斜率于 20 cm 深度处明显变大、60 cm 深度处明显变小，其分布在垂向上呈现出 3 个层位。具体来说：0~20 cm 深度内细根数量最多，约占样坑细根总数的 80%，频率曲线两侧明显凸出，为该处鬼针、青蒿等草本植物的根群范围；20~60 cm 深度内细根数量变少，约占样坑细根总数的 15%，为该处黄荆等灌木的根群范围；60~100 cm 深度内细根数量较少，为该处杨树、桑树、构树等乔木的根群范围。

　　YK-12 附近植被类型以乔木、草本为主。样坑调查结果显示（见图 3-13）：细根数量总体上随深度的增加而逐渐减小，细根累计频率曲线斜率于 30 cm 深度处明显变小，最后逐渐减小，其分布在垂向上呈现出 3 个层位。具体来说：0~30 cm 深度内细根数量最多，约占样坑细根总数的 65%，频率曲线两侧明显凸出，为该处草本植物的根群范围；30~60

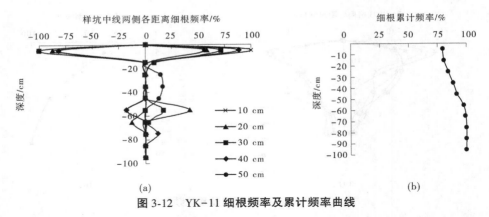

图 3-12　YK-11 细根频率及累计频率曲线

cm 深度内细根数量变少,约占样坑细根总数的 20%,频率曲线右侧明显凸出,为该处黄荆等灌木的根群范围;60~100 cm 深度内细根数量较少,频率曲线左侧明显凸出,为该处杨树、构树、桑树、国槐等乔木的根群范围。

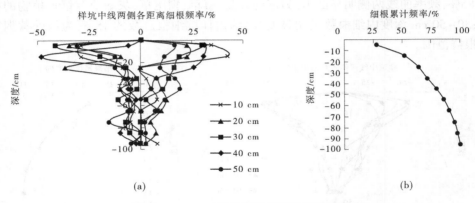

图 3-13　YK-12 细根频率及累计频率曲线

　　YK-13 处植被涵盖乔木、灌木和草本 3 种类型,灌木长势较差。样坑调查结果显示(见图 3-14):细根数量总体上随深度的增加而逐渐减小,细根累计频率曲线斜率逐渐变小,其分布在垂向上呈现出 3 个层位。具体来说:0~30 cm 深度内细根数量最多,约占样坑细根总数的 55%,频率曲线两侧明显凸出,为该处葎草、青蒿等草本植物的根群范围;30~70 cm 深度内细根数量变少,约占样坑细根总数的 30%,频率曲线右侧明显凸出,为该处酸枣等灌木的根群范围;70~100 cm 深度内细根数量较少,为该处杨树、构树、梧桐等乔木的根群范围。

　　YK-14 附近植被类型以乔木、草本为主,草本较密度大。样坑调查结果显示(见图 3-15):细根数量总体上随深度的增加而逐渐减小,细根累计频率曲线斜率逐渐变小,其分布在垂向上呈现出 3 个层位。具体来说:0~30 cm 深度内细根数量最多,约占样坑细根总数的 55%,频率曲线两侧明显凸出,为该处狗尾草、披碱草、小蓬草等草本植物的根群范围;30~60 cm 深度内细根数量变少,约占样坑细根总数的 25%,为该处酸枣等灌木的根群范围;60~100 cm 深度内细根数量较少,为该处杨树、构树等乔木的根群范围。

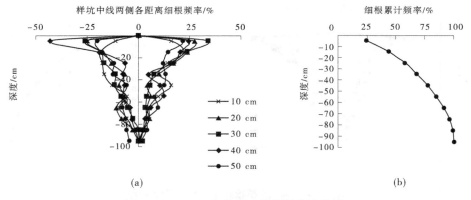

图 3-14　YK-13 细根频率及累计频率曲线

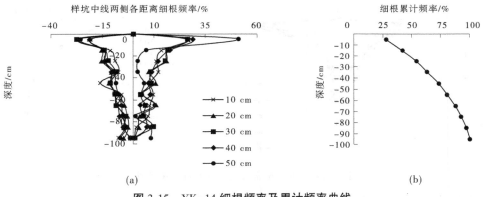

图 3-15　YK-14 细根频率及累计频率曲线

　　YK-15 处植被涵盖乔木、灌木和草本 3 种类型。样坑调查结果显示(见图 3-16):细根数量总体上随深度的增加而逐渐减小,细根累计频率曲线斜率逐渐变小,其分布在垂向上呈现出 3 个层位。具体来说:0~30 cm 深度内细根数量最多,约占样坑细根总数的 55%,频率曲线两侧明显凸出,为该处青蒿、艾、知母等草本植物的根群范围;30~70 cm 深度内细根数量变少,约占样坑细根总数的 35%,频率曲线左侧明显凸出,为该处酸枣、杠柳等灌木的根群范围;70~100 cm 深度内细根数量较少,为该处构树、桑树等乔木的根群范围。

　　YK-16 处植被涵盖乔木、灌木和草本 3 种类型。样坑调查结果显示(见图 3-17):细根数量总体上随深度的增加而逐渐减小,细根累计频率曲线斜率于 40 cm 深度处明显变小,随后逐渐减小,其分布在垂向上呈现出 3 个层位。具体来说:0~40 cm 深度内细根数量最多,约占样坑细根总数的 80%,频率曲线两侧明显凸出,为该处茜草、狗尾草等草本植物的根群范围;40~70 cm 深度内细根数量变少,约占样坑细根总数的 15%,频率曲线右侧明显凸出,为该处酸枣等灌木的根群范围;70~100 cm 深度内细根数量较少,为该处构树等乔木的根群范围。

　　YK-17 附近植被类型以乔木、草本为主。样坑调查结果显示(见图 3-18):细根数量总体上随深度的增加而逐渐减小,细根累计频率曲线斜率于 30 cm 深度处明显变小,随后

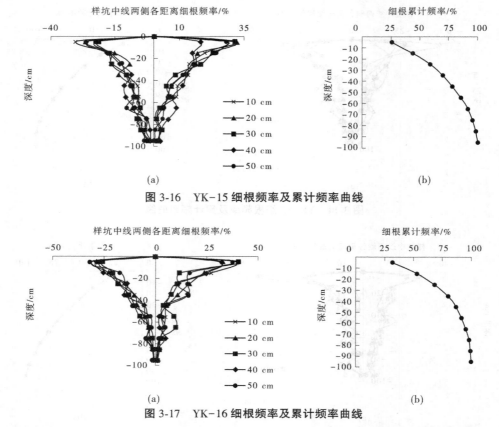

图 3-16　YK-15 细根频率及累计频率曲线

图 3-17　YK-16 细根频率及累计频率曲线

逐渐减小,其分布在垂向上呈现出 3 个层位。具体来说:0～30 cm 深度内细根数量最多,约占样坑细根总数的 70%,频率曲线两侧明显凸出;30～60 cm 深度内细根数量变少,约占样坑细根总数的 25%,频率曲线两侧明显凸出,为该处酸枣等灌木的根群范围;60～100 cm 深度内细根数量较少,为该处杨树、构树、泡桐等乔木的根群范围。

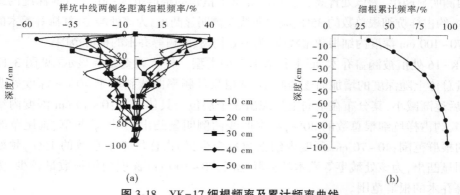

图 3-18　YK-17 细根频率及累计频率曲线

　　YK-18 处植被类型以乔木、草本为主。样坑调查结果显示(见图 3-19):细根数量总体上随深度的增加而逐渐减小,细根累计频率曲线斜率分别于 30 cm、70 cm 深度处变小,其分布在垂向上呈现出 3 个层位。具体来说:0~30 cm 深度内细根数量最多,约占样坑细根总数的 55%,频率曲线两侧明显凸出,为该处狗尾草等草本植物的根群范围;30~70 cm 深度内细根数量变少,约占样坑细根总数的 35%,频率曲线两侧明显凸出,为该处酸枣等灌木的根群范围;70~100 cm 深度内细根数量较少,为该处构树、楝树等乔木的根群范围。

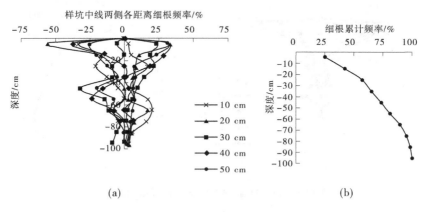

图 3-19　YK-18 细根频率及累计频率曲线

　　YK-19 处植被类型以乔木、草本为主。样坑调查结果显示(见图 3-20):细根数量总体上随深度的增加而逐渐减小,细根累计频率曲线斜率于 40 cm 深度处明显变小,分布在垂向上呈现出 3 个层位。具体来说:0~40 cm 深度内细根数量最多,约占样坑细根总数的 90%,频率曲线两侧明显凸出,为该处青蒿等草本植物的根群范围;40~70 cm 深度内细根数量较少,为该处黄荆等灌木的根群范围;70~100 cm 深度内细根数量较少,频率曲线左侧明显凸出,为该处杨树、构树等乔木的根群范围。

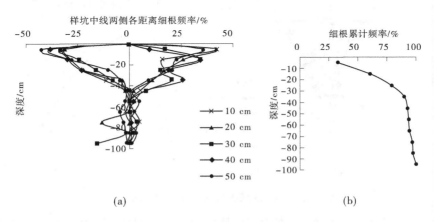

图 3-20　YK-19 细根频率及累计频率曲线

　　YK-21 处植被类型以乔木、草本为主。样坑调查结果显示(见图 3-21):细根数量总体上随深度的增加而逐渐减小,细根累计频率曲线斜率于 30 cm 深度处明显变小,随后逐渐减小,其分布在垂向上呈现出 3 个层位。具体来说:0~30 cm 深度内细根数量最多,约占样坑细根总数的 80%,频率曲线两侧明显凸出,为该处灰绿藜等草本植物的根群范围;30~70 cm 深度内细根数量较少,约占样坑细根总数的 15%,为该处黄荆等灌木的根群范围;70~100 cm 深度内细根数量较少,频率曲线右侧明显凸出,为该处构树、杨树等乔木的根群范围。

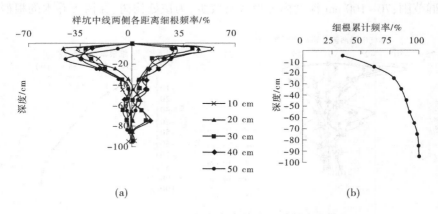

图 3-21　YK-21 细根频率及累计频率曲线

　　YK-23 处植被类型以乔木、草本为主。样坑调查结果显示(见图 3-22):细根数量总体上随深度的增加而逐渐减小,细根累计频率曲线斜率逐渐变小,其分布在垂向上呈现出 3 个层位。具体来说:0~30 cm 深度内细根数量最多,约占样坑细根总数的 55%,频率曲线两侧明显凸出,为该处狗尾草、小蓬草等草本植物的根群范围;30~60 cm 深度内细根数量较少,约占样坑细根总数的 25%,为该处黄荆等灌木的根群范围;60~100 cm 深度内细根数量较少,频率曲线两侧明显凸出,为该处构树、杨树、臭椿等乔木的根群范围。

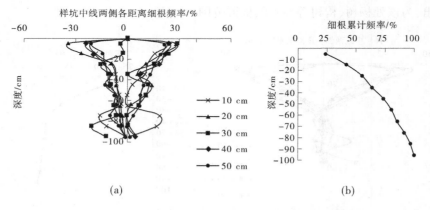

图 3-22　YK-23 细根频率及累计频率曲线

　　YK-24 处植被类型以乔木、草本为主。样坑调查结果显示(见图 3-23):细根数量总体上随深度的增加而逐渐减小,细根累计频率曲线斜率于 30 cm 深度处明显变小,其分布在垂向上呈现出 3 个层位。具体来说:0~30 cm 深度内细根数量最多,约占样坑细根总数的 85%，频率曲线两侧明显凸出，为该处狗尾草等草本植物的根群范围；30~70 cm 深度内细根数量较少，约占样坑细根总数的 10%，频率曲线两侧明显凸出，为该处黄荆等灌木的根群范围；70~100 cm 深度内细根数量较少，为该处构树、楝树等乔木的根群范围。

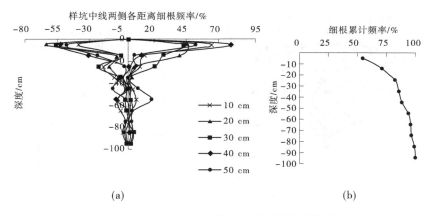

图 3-23　YK-24 细根频率及累计频率曲线

　　YK-25 处植被类型以乔木、草本为主。样坑调查结果显示（见图 3-24）：细根数量总体上随深度的增加而逐渐减小，细根累计频率曲线斜率于 40 cm 深度处明显变小，随后逐渐减小，其分布在垂向上呈现出 3 个层位。具体来说：0~40 cm 深度内细根数量最多，约占样坑细根总数的 80%，频率曲线两侧明显凸出，为该处草本植物的根群范围；40~70 cm 深度内细根数量较少，约占样坑细根总数的 15%，频率曲线两侧明显凸出，为该处黄荆、酸枣等灌木的根群范围；70~100 cm 深度内细根数量较少，为该处构树、榆树、刺槐等乔木的根群范围。

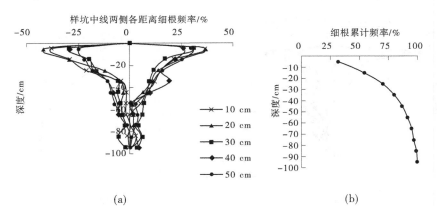

图 3-24　YK-25 细根频率及累计频率曲线

　　YK-26 处植被涵盖了乔木、灌木及草本 3 种植物类型。样坑调查结果显示（见图 3-25）：细根数量总体上随深度的增加而逐渐减小，细根累计频率曲线斜率分别于 50 cm、80 cm 深度处明显变小，其分布在垂向上呈现出 3 个层位。具体来说：0~30 cm 深度内细根数量最多，约占样坑细根总数的 50%，频率曲线两侧明显凸出，为该处草本植物的根群范围;30~60 cm 深度内细根数量较少,约占样坑细根总数的 25%,频率曲线两侧明显凸出,为该处黄荆、酸枣等灌木的根群范围;60~100 cm 深度内细根数量较少,频率曲线两侧明显凸出,为该处构树、楝树等乔木的根群范围。

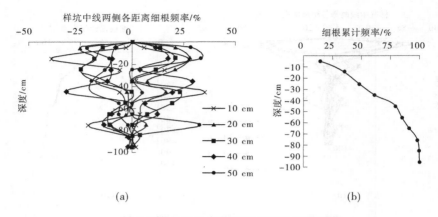

(a)   (b)

图 3-25　YK-26 细根频率及累计频率曲线

YK-27 处植被涵盖了乔木、灌木及草本 3 种植物类型。样坑调查结果显示(见图 3-26):细根数量总体上随深度的增加而逐渐减小,细根累计频率曲线斜率于 50 cm 深度处明显变小,随后逐渐减小,其分布在垂向上呈现出 3 个层位。具体来说:0~20 cm 深度内细根数量最多,约占样坑细根总数的 70%,频率曲线两侧明显凸出,为该处草本植物的根群范围;20~50 cm 深度内细根数量较少,约占样坑细根总数的 25%,频率曲线两侧明显凸出,为该处酸枣等灌木的根群范围;50~80 cm 深度内细根数量较少,频率曲线两侧明显凸出,为该处构树、杨树、楝树等乔木的根群范围。

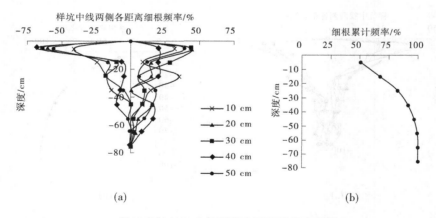

(a)   (b)

图 3-26　YK-27 细根频率及累计频率曲线

YK-28 处植被类型以乔木、草本为主。样坑调查结果显示(见图 3-27):细根数量总体上随深度的增加而逐渐减小,细根累计频率曲线斜率于 30 cm 深度处明显变小,随后逐渐减小,其分布在垂向上呈现出 3 个层位。具体来说:0~40 cm 深度内细根数量最多,约占样坑细根总数的 80%,频率曲线两侧明显凸出,为该处狗尾草、葎草、小蓬草等草本植物的根群范围;40~70 cm 深度内细根数量较少,约占样坑细根总数的 10%,频率曲线右侧明显凸出,为该处黄荆等灌木的根群范围;70~100 cm 深度内细根数量较少,频率曲线左侧明显凸出,为该处楝树、槐树、构树等乔木的根群范围。

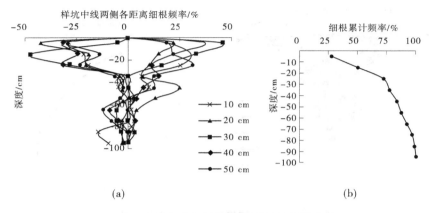

图 3-27　YK-28 细根频率及累计频率曲线

YK-29 处植被类型以乔木、草本为主。样坑调查结果显示(见图 3-28):细根数量总体上随深度的增加而逐渐减小,细根累计频率曲线斜率于 30 cm 深度处明显变小,随后逐渐减小,其分布在垂向上呈现出 3 个层位。具体来说:0~30 cm 深度内细根数量最多,约占样坑细根总数的 70%,频率曲线两侧明显凸出,为该处草本植物的根群范围;40~70 cm 深度内细根数量较少,约占样坑细根总数的 25%,频率曲线右侧明显凸出,为该处黄荆等灌木的根群范围;70~100 cm 深度内细根数量较少,为该处构树、臭椿、楝树等乔木的根群范围。

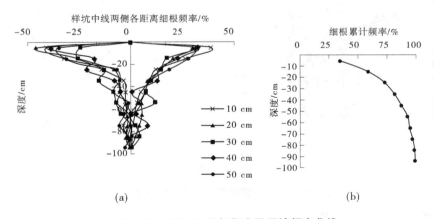

图 3-28　YK-29 细根频率及累计频率曲线

YK-30 处植被类型以乔木、草本为主。样坑调查结果显示(见图 3-29):细根数量总体上随深度的增加而逐渐减小,细根累计频率曲线斜率于 70 cm 深度处明显变小,其分布在垂向上呈现出 3 个层位。具体来说:0~30 cm 深度内细根数量最多,约占样坑细根总数的 60%,频率曲线两侧明显凸出,为该处小蓬草、车前草等草本植物的根群范围;30~60

cm 深度内细根数量较少,约占样坑细根总数的 25%,频率曲线右侧明显凸出,为该处黄荆等灌木的根群范围;60~100 cm 深度内细根数量较少,频率曲线右侧明显凸出,为该处构树、杨树等乔木的根群范围。

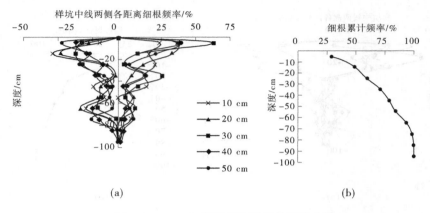

图 3-29　YK-30 细根频率及累计频率曲线

YK-31 处植被涵盖了乔木、灌木及草本 3 种植物类型。样坑调查结果显示(见图 3-30):细根数量总体上随深度的增加而逐渐减小,其分布在垂向上呈现出 3 个层位。具体来说:0~30 cm 深度内细根数量最多,约占样坑细根总数的 60%,频率曲线两侧明显凸出,为该处草本植物的根群范围;30~50 cm 深度内细根数量较少,约占样坑细根总数的 25%,频率曲线两侧明显凸出,为该处黄荆、酸枣等灌木的根群范围;50~80 cm 深度内细根数量较少,频率曲线右侧明显凸出,为该处构树、杨树、臭椿等乔木的根群范围。

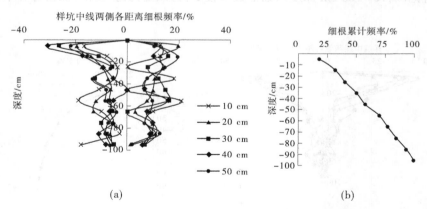

图 3-30　YK-31 细根频率及累计频率曲线

3.3.2.2　地境稳定层的确定

地境中的过氧化氢酶是由植物细根根尖、根毛和微生物分泌的蛋白酶,在土壤中分布广泛,其含量与植物细根的数量存在正相关关系且对植物种类、生长阶段无选择性,即土壤剖面中过氧化氢酶的峰值点意味着其所在层位的植物根系集中、活性强,故可作为指示土壤中植物根系分布特征及微生物活跃程度的重要指标。

综合陆地生态子系统样坑的根系分布特征与过氧化氢酶指示结果(见图 3-31)来看:二者在垂向上的变化特征基本吻合,其含量或数量都随深度的增加呈现逐渐减小的趋势,有明显的"复层"结构。具体来说:0~30 cm 深度内,过氧化氢酶含量总体较高并随深度的增加而减小,反映出此深度区间主要为草本植物的根群范围,其根系较浅,且多于地表附近集中分布;30~70 cm 深度内,过氧化氢酶含量明显减小,但随深度变化不大,反映出此深度区间主要为灌木的根群范围;70~100 cm 深度内,过氧化氢酶含量较低,总体上趋于稳定,几乎不随深度变化,反映出此深度区间主要为乔木的根群范围。

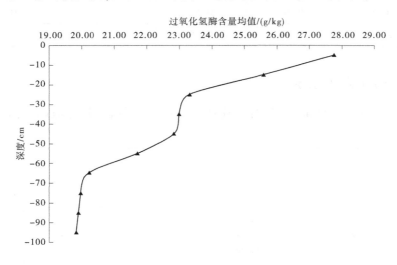

图 3-31　陆地生态子系统样坑过氧化氢酶平均含量曲线

各生活型植种所对应层位的土壤温度、含水率、含盐量和有机质含量等的均值与标准差均呈现出随深度的增加而减小的特征(见表 3-4)。具体来说:第一层(0~30 cm)顶板为地表,直接与大气接触,受太阳辐射、降水、蒸发、生物等外营力影响最大,与第二层(30~70 cm)、第三层(70~100 cm)相比,该层土壤通气性与渗透性更好、热辐射更强烈、生物残体更丰富、水分运移与相变更频繁,故地境条件涨落与波动明显,变幅较大,异质性更高,土壤温度、含水率、含盐量和有机质含量等均值最高,标准差明显大于其余两层。该层位适宜生命周期短、根系较浅的草本植物生存,故为陆地生态子系统草本植物的地境稳定层。第二层(30~70 cm)与第三层(70~100 cm)不直接与大气接触,来自地表环境的输入只有通过第一层的传递变换才可到达,在时间上存在滞后,所产生的响应亦随深度的增加而减小。故随深度的增加,土壤温度、含水率、含盐量和有机质含量等的均值与标准差逐渐减小,地境条件的涨落与波动逐渐平稳,异质性更弱。其中第三层的底板为中纬度地区的地境底界,是地境系统中含水率、含盐量、温度条件变化最小的空间。第二层与第三层所呈现的宏观稳定态及较平缓的微动态适合根系较深、具有一定抗干扰能力的多年生植物生存。结合植物根系分布特征将第二层确定为陆地生态子系统灌木的地境稳定层,第三层确定为陆地生态子系统乔木的地境稳定层。

表 3-4　陆地生态子系统各层位土壤温度、含水率、含盐量、有机质含量的均值和标准差统计

项目	层位区间/cm	土壤温度/℃	含水率/%	含盐量/(g/kg)	有机质含量/(g/kg)
均值	0~30	28.87	16.30	0.61	13.69
	30~70	27.30	14.33	0.60	7.96
	70~100	26.89	13.06	0.53	8.13
标准差	0~30	1.07	0.95	0.05	2.60
	30~70	0.30	0.56	0.05	0.86
	70~100	0.17	0.13	0.09	0.55

3.3.3　河岸带生态子系统

项目组于 2020 年 7 月 4~24 日对流域河岸带生态子系统进行地境调查,共布设样坑 5 个(见图 3-32)。

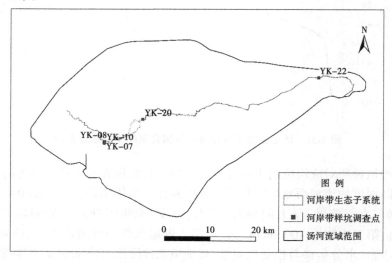

图 3-32　河岸带生态子系统样坑调查点点位示意图

河岸带生态子系统大部分地段的地下水埋深较浅,水分充足,洪积物、凋落物及分解物丰富,故植种密度较陆地生态子系统更大、生物多样性更高。受限于河岸带特殊的自然地理条件,植种多以湿生或喜湿型草本及禾本为主,根系深度较浅,故以细根累计频率 95% 为界(见图 3-33),对各样坑的根群范围进行圈划。结果显示:细根数量总体上随深度的增加而逐渐减小,其中 YK-07、YK-08 及 YK-10 处 95% 的细根集中于 0~40 cm 深度内;YK-20 及 YK-22 处 95% 的细根集中于 0~60 cm 深度内。

综合河岸带生态子系统样坑的根系分布特征与过氧化氢酶指示结果(见图 3-34)来看:两者在垂向上的变化特征基本吻合,总体上随深度的增加呈现逐渐减小的特征,其含量(数量)均集中于 0~60 cm 深度内,60~100 cm 深度内极低(少),在垂向上无明显"复层"结构。其中 0~20 cm 深度内,过氧化氢酶含量总体较高并随深度的增加而略有减小,

反映出此深度区间内草本、禾本植物根系密集,为根群混杂层位;20~60 cm 深度内过氧化氢酶含量出现先增大后减小的变化特征,但总体变化不大,反映出此深度区间内禾本植物根系较为集中;60~100 cm 深度内过氧化氢酶含量处于较低水平,随深度变化不大,反映出此深度区间内根系数量少,活性低。综上所述,确定 0~60 cm 深度为河岸带生态子系统草本、禾本植物的地境稳定层。

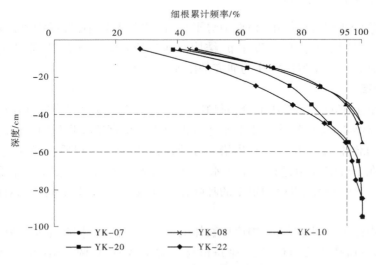

图 3-33　河岸带生态子系统细根累计频率曲线

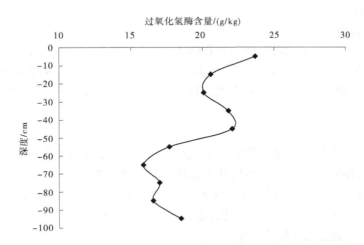

图 3-34　河岸带生态子系统样坑过氧化氢酶平均含量曲线

3.4　植物生存域的圈划

　　生存域是指植种地境稳定层中各限制性因子状态的集合,反映了植种与地境之间的关系,即植物生存对地境条件的要求范围及不同地境条件下植种的适宜性水平。植物对地境的选择是多因子的,其生长状况取决于各因子状态的组合情况,考虑到水分为植物生存所需的关键生态因子,研究依据各生活型植种土壤水分因子与其他限制性因子的组合状态投到二维坐标中,并用封闭曲线圈划,所得到的封闭区域就是各植种的生存域,即最适生存范围。

3.4.1　限制性因子的选取

汤河流域总体地貌特征简单,地形地势平坦,海拔相差较小,气候因素区域性变化有限,即气候、地形等因子对植物群落分布、结构及演替的影响十分有限,故选定土壤水分、盐分、有机质、氮磷钾等土壤因子作为研究的限制性因子。

3.4.1.1　含水率

土壤水分是土壤的重要组成部分,对植物的分布和生长发育起决定性作用,无论是地下水还是大气凝结水,都要转化为土壤水才可被植物根系直接吸收利用。同时,土壤水分也是各种盐类的载体,是土壤向植物供给养分的媒介,植物根系以质流、扩散、截获等方式吸收养分都需在土壤溶液中进行。土壤水分过少时无法进行正常的光合作用和蒸腾作用,过多则会由于缺氧而阻碍植物根系的呼吸作用和吸收作用,即不同植物对应不同的适宜水分区间。

因水在植物体中含量最大,是构成植物体的主要成分之一,同时也是新陈代谢过程的反应物质,对保持植物体的固有状态、维持植物体的正常体温、调节植物的生境中的温湿度起控制性的作用。故以含水率表示土壤水分水平,并依据土壤水分与其他限制性因子的组合方式圈划生存域。

3.4.1.2　土壤盐分

植物通过吸收以分子或离子状态存在的 17 种必需元素来维持自身需求,除氮化合物可以来自大气外,其他所有的矿物养分均来自土壤。盐分过低会抑制植物生长,过高则会因为胁迫作用,影响光合作用、呼吸作用,阻碍植物蛋白质合成。研究以含盐量刻画土壤盐分。

3.4.1.3　有机质

土壤有机质是土壤固相部分的重要组成成分,是植物营养的主要来源之一,是构成土壤有机矿质复合体的核心物质。有机质能促进植物的生长发育,改善土壤的物理性质,促进微生物和土壤生物的活动,促进土壤中营养元素的分解,提高土壤的保肥性和缓冲性的作用。有机质含量过高会造成富营养化,过低则影响养分循环。

3.4.1.4　有效磷、速效钾、水解性氮

氮、磷、钾 3 种是植物需要量和收获时带走量较多的营养元素,氮、磷是植物体内许多重要有机化合物的组成成分,在多方面影响着植物的代谢过程和生长发育。钾主要呈离子状态存在于植物细胞液中,是多种酶的活化剂,在代谢过程中起着重要作用,研究用修正的内梅罗综合指数法对土壤氮、磷、钾含量进行综合评价(见式 3-9)。

$$F = \sqrt{\frac{\overline{F_i}^2 + F_{i\min}^2}{2}} \cdot \frac{(n-1)}{n} \tag{3-9}$$

式中 F——某一点氮、磷、钾含量综合指数；

$\overline{F_i}$——某一点各单项元素含量指数的平均值；

$F_{i\min}$——某一点最小单项元素含量指数；

n——取样点个数。

参照《全国第二次土壤普查养分分级标准》（见表 3-5），对所选指标参数进行标准化以消除各参数之间的量纲差别，标准化处理的方法如下：

当属性值属于差的一级（$c_i \leqslant x_a$）时，$F_i = c_i/x_a$（$F_i \leqslant 1$）；

当属性值属于中等一级（$x_a < c_i \leqslant x_c$）时，$F_i = 1+(c_i-x_a)/(x_c-x_a)$（$1 < F_i \leqslant 2$）；

当属性值属于较好一级（$x_c < c_i \leqslant x_p$）时，$F_i = 2+(c_i-x_c)/(x_p-x_c)$（$2 < F_i \leqslant 3$）；

当属性值属于好一级（$c_i > x_p$）时，$F_i = 3$。

上述各式中，F_i 为属性分系数，c_i 为该属性测定值，x_a、x_c、x_p 为分级指标。

表 3-5 内梅罗评定方法中氮、磷、钾分级标准　　　　单位:g/kg

指标	内梅罗分级标准		
	x_a	x_c	x_p
水解性氮	60	120	180
速效钾	50	100	200
有效磷	5	10	20

3.4.2 陆地生态子系统植物生存域

陆地生态子系统样坑调查结果显示植物细根分布有明显的"复层"结构（乔木层与灌木层），故在充分结合样坑点乔木层、灌木层共建种分布情况的基础上，分别将各层位深度区间的含水率与含盐量、有机质含量和土壤氮磷钾综合指数等限制性因子均值（见表 3-6）两两组合投影到二维坐标系中，并选取点位较为集中的区域进行圈划，得到陆地生态子系统中构树、杨树和楝树等乔木优势植种和黄荆、酸枣等灌木优势植种的生存域。

3 种不同限制性因子组合方式的生存域圈划范围均为近似椭圆状，说明陆地生态子系统各层级的优势植种对水肥条件的选择不是线性的，即不同土壤水分与盐分、有机质和氮磷钾的组态对优势植种可能有相同的适宜性，凡是在圈划范围内的水肥条件都可作为该子系统优势植种正常生长发育的必要条件。

表 3-6 陆地生态子系统各限制性因子数值统计

样坑编号	层位类型	深度区间/cm	有机质含量/(g/kg)	含盐量/(g/kg)	含水率/%	土壤氮磷钾综合指数
YK-01	灌木层	30~60	6.89	0.44	11.20	0.99
	乔木层	60~90	3.98	0.33	6.07	1.02

续表 3-6

样坑编号	层位类型	深度区间/cm	有机质含量/(g/kg)	含盐量/(g/kg)	含水率/%	土壤氮磷钾综合指数
YK-02	灌木层	30~70	10.15	0.27	10.58	0.91
	乔木层	70~90	17.22	0.27	5.65	1.92
YK-03	灌木层	20~30	39.07	0.37	14.60	2.32
YK-04	灌木层	30~60	3.03	0.27	26.73	0.91
	乔木层	60~100	2.98	0.19	27.73	0.92
YK-05	灌木层	30~60	12.20	0.21	11.43	1.09
	乔木层	60~100	9.91	0.21	9.90	1.03
YK-06	灌木层	30~50	21.05	0.20	11.95	1.31
YK-09	灌木层	30~50	16.73	0.83	24.45	1.41
YK-11	灌木层	20~60	5.13	0.14	13.10	0.97
	乔木层	60~100	5.37	0.27	14.80	1.18
YK-12	灌木层	30~60	19.83	0.10	7.23	1.02
	乔木层	60~100	14.88	0.26	8.73	1.33
YK-13	灌木层	30~70	15.64	0.70	12.88	0.76
	乔木层	70~100	15.65	0.26	9.63	0.78
YK-14	灌木层	30~60	11.48	1.68	39.03	1.06
	乔木层	60~100	44.86	2.14	40.08	2.65
YK-15	灌木层	30~70	12.34	0.22	20.45	1.03
	乔木层	70~100	10.56	0.24	20.73	1.05
YK-16	灌木层	40~70	7.24	0.28	14.40	0.58
	乔木层	70~100	5.40	0.18	22.03	0.44
YK-17	灌木层	30~60	5.77	0.50	22.17	1.15
	乔木层	60~100	4.38	0.59	18.60	1.35
YK-18	灌木层	30~70	4.56	0.54	18.88	1.21
	乔木层	70~100	4.23	0.49	12.17	1.25
YK-19	灌木层	40~70	2.27	0.26	10.97	1.48
	乔木层	70~100	2.85	0.33	10.03	1.50
YK-21	灌木层	30~70	6.37	0.91	14.25	1.78
	乔木层	70~100	6.22	0.87	9.67	1.32

续表 3-6

样坑编号	层位类型	深度区间/cm	有机质含量/(g/kg)	含盐量/(g/kg)	含水率/%	土壤氮磷钾综合指数
YK-23	灌木层	30~60	6.62	0.71	15.17	1.36
	乔木层	60~100	5.40	0.59	14.53	1.10
YK-24	灌木层	30~70	3.89	0.79	1.03	0.36
	乔木层	70~100	3.11	0.69	0.53	0.41
YK-25	灌木层	40~70	4.99	0.29	5.93	0.68
	乔木层	70~100	4.37	0.31	5.37	0.57
YK-26	灌木层	30~60	1.79	0.30	5.53	0.81
	乔木层	60~100	1.63	0.24	5.95	0.79
YK-27	灌木层	20~50	9.13	1.02	11.40	2.26
	乔木层	50~80	5.62	0.83	2.53	0.66
YK-28	灌木层	30~70	8.14	1.80	23.90	1.25
	乔木层	70~100	5.94	0.70	11,03	1.16
YK-29	灌木层	30~70	3.07	0.65	12.55	0.54
	乔木层	70~100	2.11	0.70	13.73	0.38
YK-30	灌木层	30~60	6.76	0.59	13.43	0.90
	乔木层	60~100	4.69	0.53	14.30	0.61
YK-31	灌木层	30~50	5.12	1.40	10.00	0.44
	乔木层	50~80	5.49	3.27	5.73	0.39

3.4.2.1　乔木层优势植种生存域

1. 构树

构树的生存域圈划结果如图 3-35 所示。具体来说:构树含水率的适生区间为 0.53%~22.03%,区间端点值相差近 60 倍,区间宽度极大,反映出构树适应能力强,不易受水分胁迫,耐旱性突出;含盐量的适生区间为 0.19~0.89 g/kg,区间端点值相差近 5 倍,区间宽度较大,反映出构树对土壤盐分的要求较宽松,可在轻盐土、中盐土和重盐土中生长,其耐盐性较强;有机质含量的适生区间为 1.63~15.65 g/kg,区间端点值相差近 10 倍,区间宽度大,反映出楝树对土壤有机质的要求较宽松;土壤氮磷钾综合指数的适生区间为 0.38~1.50,区间端点值相差近 4 倍,反映出构树对土壤氮磷钾的要求较为宽松。

2. 杨树

杨树的生存域圈划结果如图 3-36 所示。具体来说:杨树含水率的适生区间为 0.53%~27.73%,区间端点值相差近 52 倍,区间宽度极大,反映出杨树适应能力强,不易受水分胁迫,耐旱性较强;含盐量的适生区间为 0.19~0.89 g/kg,区间端点值相差约 5

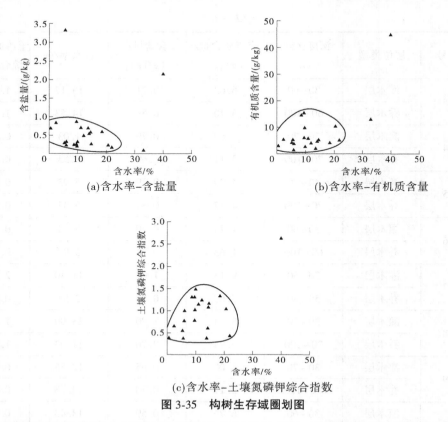

(a)含水率–含盐量　　　　　　　　　(b)含水率–有机质含量

(c)含水率–土壤氮磷钾综合指数

图 3-35　构树生存域圈划图

倍,区间宽度较大,反映出杨树对土壤盐分的要求较宽松,可在轻盐土、中盐土和重盐土中生长,有一定的耐盐性;有机质含量的适生区间为 1.63~16.73 g/kg,区间端点值相差近10 倍,区间宽度大,反映出杨树对土壤有机质的要求较宽松;土壤氮磷钾综合指数的适生区间为 0.38~1.50,区间端点值相差近 4 倍,区间宽度较小,反映出杨树对土壤氮磷钾的要求较为宽松。

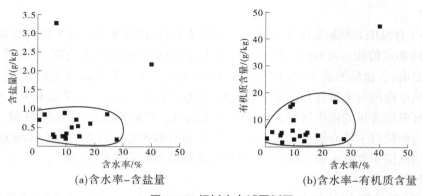

(a)含水率–含盐量　　　　　　　　　(b)含水率–有机质含量

图 3-36　杨树生存域圈划图

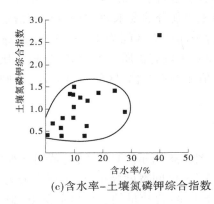

(c)含水率–土壤氮磷钾综合指数

续图 3-36

3. 楝树

楝树的生存域圈划结果如图 3-37 所示。具体来说:楝树含水率的适生区间为 0.53% ~ 13.73%,区间端点值相差近 26 倍,区间宽度极大反映出楝树适应能力强,不易受水分胁

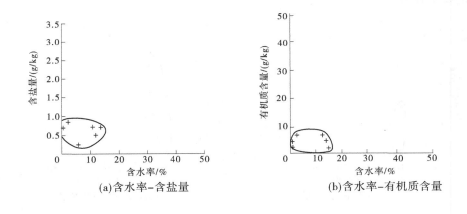

(a)含水率–含盐量　　　　　　　　　　(b)含水率–有机质含量

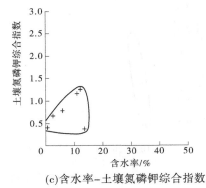

(c)含水率–土壤氮磷钾综合指数

图 3-37　楝树生存域圈划图

迫,有一定的耐旱性;含盐量的适生区间为 0.24~0.85 g/kg,区间端点值相差约 3.5 倍,区间宽度较大,反映出楝树对土壤盐分的要求较宽松,可在轻盐土、中盐土和重盐土中生长,有一定的耐盐性;有机质含量的适生区间为 1.63~5.94 g/kg,区间端点值相差近 3.5 倍,区间宽度较小,反映出楝树对土壤有机质的要求较严格;土壤氮磷钾综合指数的适生区间为 0.38~1.25,区间端点值相差近 3 倍,区间宽度较小,反映出楝树对土壤氮磷钾的要求较为严格。

3.4.2.2　灌木优势种生存域

1. 黄荆

黄荆的生存域圈划结果如图 3-38 所示。具体来说:黄荆含水率的适生区间为 10.0%~14.6%,区间端点值相差约 1.5 倍,区间宽度极小,即土壤水分为黄荆最主要的胁迫因子,其对土壤水分涨落的响应十分明显;含盐量的适生区间为 0.20~1.42 g/kg,区间端点值相差约 7 倍,区间宽度较大,反映出黄荆对土壤盐分的要求较宽松,可在轻盐土、中盐土、重盐土中生长,耐盐性较强;有机质含量的适生区间为 0.36~39.07 g/kg,区间端点值相差近 108 倍,区间宽度极大,反映出黄荆对土壤有机质的要求较宽松;土壤氮磷钾综合指数的适生区间为 0.44~2.32,区间端点值相差近 5 倍,区间宽度较大,反映出黄荆对土壤氮磷钾的要求较为宽松。

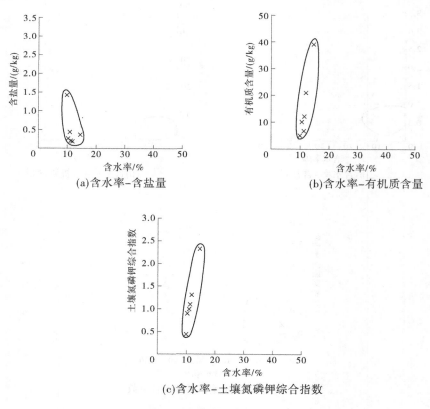

(a)含水率–含盐量　　　　　　　(b)含水率–有机质含量

(c)含水率–土壤氮磷钾综合指数

图 3-38　黄荆生存域圈划图

2. 酸枣

酸枣的生存域圈划结果如图 3-39 所示。具体来说:酸枣含水率的适生区间为 5.53%~ 20.45%,区间端点值相差约 4 倍,区间宽度较大,不易受水分胁迫,有一定的耐旱性;含盐量的适生区间为 0.21~0.71 g/kg,区间端点值相差约 3 倍,区间宽度较大,反映出酸枣对土壤盐分的要求较宽松,可在轻盐土、中盐土和重盐土中生长,耐盐性较强;有机质含量的适生区间为 1.79~15.64 g/kg,区间端点值相差近 9 倍,区间宽度大,反映出酸枣对土壤有机质的要求较宽松;土壤氮磷钾综合指数的适生区间为 0.58~2.32,区间端点值相差 4 倍,区间宽度较大,反映出酸枣对土壤氮磷钾的要求较为宽松。

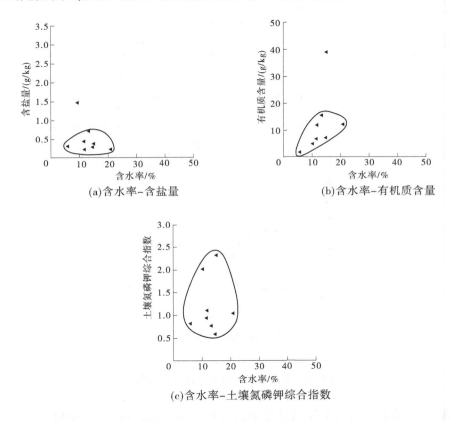

图 3-39　酸枣生存域圈划图

3.4.2.3　乔木层优势植种叠加分析

将乔木层优势种生存域圈划结果按照相同的限制性因子组合方式叠加在一起(见图 3-40),可以看出:不同的优势植种的生存域范围不尽相同,存在包含和相交(部分重合)两种情况。所谓“相交”,即重叠部分所指示的地境条件可满足两植种共生的要求,但包含区域之外的部分则仅可满足所对应植种的适生条件;所谓“包含”,即被包含植种的适生地境条件较包含植种的更为严格,包含区域内所指示的地境条件可满足两植种共生的要求,但包含区域之外的部分则仅可满足生存域较宽的植种的适生条件。具体来说:

　　(1)含水率-含盐量的圈划结果显示杨树的生存域范围最广,构树次之,楝树最小,呈现出杨树包含构树而构树又包含楝树的关系特征。如图 3-40(a)中的Ⅰ区(楝树的含水率-含盐量生存域)所指示的地境条件为满足三者共生的最适范围,即含水率为 0.53%~13.73%,含盐量为 0.24~0.85 g/kg。

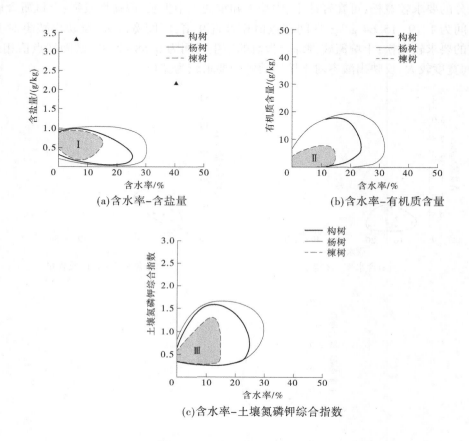

图 3-40　乔木层优势植种生存域叠加图

　　(2)含水率-有机质含量的圈划结果显示杨树的生存域范围最广,楝树次之,构树最小,三者之间呈现出两两相交的关系特征。图 3-40(b)中的Ⅱ区所指示的地境条件为满足三者共生的最适范围,即含水率为 0.53%~22.03%,有机质含量为 2.62~15.65 g/kg。

　　(3)含水率-土壤氮磷钾综合指数的圈划结果显示杨树的生存域范围最广,构树次之,楝树最小,呈现出杨树包含构树而构树又包含楝树的关系特征。如图 3-40(c)中的Ⅲ区(楝树的含水率-土壤氮磷钾综合指数生存域)所指示的地境条件为满足三者共生的最适范围,即含水率为 0.53%~13.73%,土壤氮磷钾综合指数为 0.38~1.25。

　　(4)杨树是乔木层中的生存域范围最广的优势植种,主要体现在含盐量、有机质含量和土壤氮磷钾综合指数适生区间最宽;构树的含盐量、有机质含量和土壤氮磷钾综合指数适生区间宽度均略小于杨树但大于楝树,其生存域范围仅次于杨树,故两者在分布范围和个体数量上远超其他乔木植种,为陆地生态子系统植物群落的建群种,可作为汤河流域陆地生态子系统生态修复中的优选乔木植种。同时,3 种限制性因子方式的圈划结果呈现出杨树包含构树的特征,故构树又可作为杨树的伴生种。

(5)将Ⅰ区、Ⅱ区、Ⅲ区所指示的限制性因子组态进行叠加,可得到陆地生态子系统乔木层的最适生存域范围(限制性因子均满足三者共生),即含水率为 0.53% ~ 13.73%,含盐量为 0.24 ~ 0.85 g/kg,有机质含量为 2.62 ~ 15.65 g/kg,土壤氮磷钾综合指数为 0.38 ~ 1.25。此可以作为保护汤河流域陆地生态子系统乔木植物群落多样性的土壤肥分优选方案。

3.4.2.4　灌木层优势植种叠加分析

同理,将灌木层优势植种生存域圈划结果按照相同的限制性因子组合方式叠加在一起(如图 3-41),可以看出:不同的优势植种的生存域范围不尽相同,但仅有相交(部分重合)一种情况。具体来说:

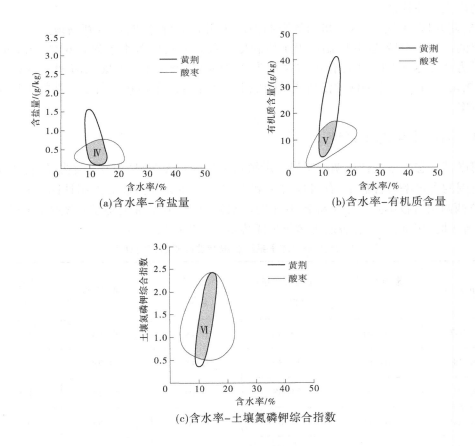

图 3-41　灌木层优势植种生存域叠加图

(1)含水率-含盐量的圈划结果显示黄荆与酸枣的生存域范围呈现出相交关系特征。如图 3-41(a)中的Ⅳ区所指示的地境条件为满足两者共生的最适范围,即含水率为

8.64%~15.80%,含盐量为0.21~0.77 g/kg。

(2)含水率-有机质含量的圈划结果显示黄荆与酸枣的生存域范围呈现出相交关系特征。如图3-41(b)中的Ⅴ区所指示的地境条件为满足两者共生的最适范围,即含水率为8.80%~15.00%,有机质含量为3.83~17.08 g/kg。

(3)含水率-土壤氮磷钾综合指数的圈划结果显示黄荆与酸枣的生存域范围呈现出相交关系特征。图3-41(c)中的Ⅵ区所指示的地境条件为满足两者共生的最适范围,即含水率为8.85%~16.35%,土壤氮磷钾综合指数为0.51~2.43。

(4)黄荆在含盐量、有机质含量和土壤氮磷钾综合指数适生区间宽度上大于酸枣,但在含水率适生区间宽度上远小于酸枣,此即为黄荆在个体数量上占绝对优势(多于较为干旱贫瘠生境条件下集中分布)而酸枣分布更为广泛(受水分的胁迫作用较弱)的主要原因。故黄荆可作为优选灌木植种应用于汤河流域中以基岩山区等为代表的土壤水肥条件较差的地区;而酸枣可作为优选灌木植种应用于汤河流域中土壤水分变化较大,肥分条件较好的广大平原地区。

(5)将Ⅳ区、Ⅴ区、Ⅵ区所指示的限制性因子组态进行叠加,可得到陆地生态子系统灌木层的最适生存域范围(限制性因子均满足二者共生),即含水率为8.64%~15.00%,含盐量为0.21~0.77 g/kg,有机质含量为3.83~17.08 g/kg,土壤氮磷钾综合指数为0.51~2.43。此可以作为保护汤河流域陆地生态子系统灌木植物群落多样性的土壤肥分优选方案。

3.4.3 河岸带生态子系统

河岸带生态子系统样坑调查结果显示植物细根分布无明显"复层"结构,故将各样坑根群范围的含水率与含盐量、有机质含量和土壤氮磷钾综合指数等限制性因子均值(见表3-7)两两组合投影到二维坐标系中并进行圈划,得到河岸带生态子系统中披碱草、地毯草、狗牙根、荸草、芦苇和香蒲等多年生优势植种的生存域。

表3-7 河岸带生态子系统各限制性因子数值统计表

样坑编号	根群范围/cm	有机质含量/(g/kg)	含盐量/(g/kg)	含水率/%	土壤氮磷钾综合指数
YK-07	0~40	37.86	0.48	27.53	1.99
YK-08	0~40	15.39	0.41	19.28	2.16
YK-10	0~40	21.68	0.10	27.73	1.90
YK-20	0~60	6.03	0.96	18.58	0.94
YK-22	0~60	5.41	0.75	9.23	1.00

如图3-42所示,与陆地生态子系统相同的是:3种不同限制性因子组合方式的生存域圈划范围均为近似椭圆状,说明河岸带生态子系统的优势植种对水肥条件的选择同样不

是线性的,即不同土壤水分与盐分、有机质和氮磷钾的组态对优势植种可能有相同的适宜性,凡是在圈划范围内的水肥条件都可作为优势植种正常生长发育的必要条件。

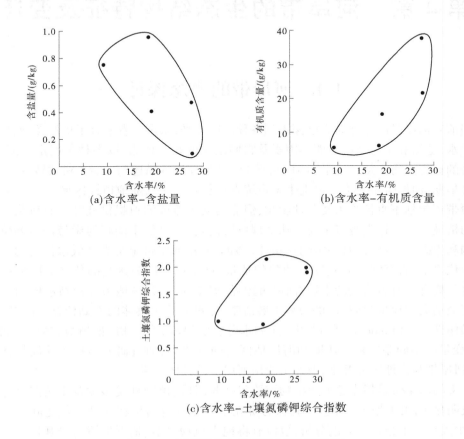

图 3-42　河岸带生态子系统生存域圈划图

　　具体来说:含水率的适生区间为 9.23%~27.73%,区间端点值相差近 3 倍,区间宽度较陆地生态子系统大幅度增加,其原因主要为河岸带生态子系统地下水位埋深较浅,土壤含水率总体较高,反映出优势植种主要为湿生或喜湿型,并具有一定的耐旱性;含盐量的适生区间为 0.10~0.96 g/kg,端点值相差近 10 倍,区间宽度大,反映出优势植种对土壤盐分的要求较宽松,可在轻盐土、中盐土和重盐土中生长,其耐盐性较强;有机质含量的适生区间为 5.41~37.86 g/kg,区间端点值相差近 7 倍,区间宽度较大且较陆地生态子系统大幅度增加,反映出河岸带生态子系统的生物量更高,有机质含量更丰富,优势植种对土壤有机质的要求较宽松;土壤氮磷钾综合指数的适生区间为 0.94~2.16,区间端点值相差近 2 倍,区间宽度较小,反映出优势植种对土壤氮磷钾的要求较为严格。

第 4 章　河岸带的生态结构特征及变迁

4.1　河岸带的概念探讨

当前对河岸带的生态研究已深入到各种层次水平,众多学者整合了植被类型、地下水和地表水、地形和生态系统功能等因素及它们之间的相互作用,以多种角度定义河岸带。河岸带的概念经历了从二维平面到三维空间、从地理位置描述到功能分析的转变。

在早期,河岸带定义为与水生生态系统直接相互作用的陆地植被区域。Naiman 等认为河岸带还包括不直接受水文条件影响,但能为河漫滩或河道提供枝叶等有机物或庇荫条件的植被区域。这类观点主要是从地理位置的角度考虑,不能将河岸带的空间位置与其结构和生态功能结合,有一定的狭隘性。Nilsson 将河岸带定义为高低水位之间的河床及高水位之上、直至河水影响完全消失的地带,这是现在广为接受的狭义上的河岸带概念。这一概念中有着明确的水域/河岸带边界,但是河岸带/高地边界却指示模糊:"河水影响完全消失的地带"所指示的边界不够清晰,亦没有给出具体的圈划依据,在实际工作中可操作性差。Clinton 等利用非生物(如水分、光、温度)和生物(如植被、林底动物和 C 循环)变量的不同差异划定陆地和河岸地区之间的边界,通过研究结构和功能特征的差异,将河岸带与高地区分开来,但并未给出河岸带的具体定义。

广义的河岸带是指靠近河边植物群落包括其组成、植物种类多度及土壤湿度等同高地植被明显不同的地带。对这一概念的研究主要从群落结构和环境条件之间的关系入手,缺少大尺度上景观格局的分析,也没有将地表植物群落、地下生境与景观格局三种角度结合的探讨。

国内关于河岸带的定义,考虑到了研究的主体多为植物的种群、群落,那些对主体有影响的非生物要素(如土壤水分、肥分等)则被当作环境因子,很少对其结构作进一步的分析,从生态系统生态学的角度来看,这种处理方法没有充分体现植物与地境之间的结构关联和协同作用。

还有学者将河岸带表述为缓冲带,基于对水环境保护和政治经济因素的考量,根据对河岸带功能的需求,设置一定的缓冲距离作为防护,利用数学模型计算出理想的河岸带宽度。这种定义往往用于河岸带的管理,为便于管理将河岸带概化为具有固定宽度的规则结构。这种定义对河岸带的判别过于简单,忽视了河岸带两侧的河流与高地的条件并不是均一的、一成不变的,在不同区域可能具有不同的特点、不同的生态效用。

总的来说,目前河岸带的定义仅满足部分研究需要,对生态问题的解答是不完善的。河岸带的概念首先应该体现生态系统的理念,具有整体性和系统性;其次要包含系统的结构和功能,并且在不同地区都具有可操作性,且综合生态学、景观生态学、植物生态学、地貌学与第四纪地质学、系统学文献和实地调查。

综上所述,本书研究认为:生态河岸带是指有边界清晰的三维结构、保持植被景观格局完整与生物多样性,且具有较为全面水文过程和生态过程的生态功能单元。

4.2　河岸带范围圈划依据

河岸带的研究、保护、生态恢复及管理都需要对河岸带的边界进行科学界定。河岸带的边界有两个,即水域/河岸带边界和河岸带/高地边界。无论从遥感影像、航片、视觉还是动植物生态学角度看这两个边界,前者显而易见,而后者的界定则有较大困难,人们通常所说的河岸带边界是指后者。河岸带的宽度范围,小则几米,大则几百米,甚至几千米。河岸带的范围和宽度与河流的规模、地形地貌、周边用地类型、河流水文特征等因素的关系较为密切。

查阅国内外相关研究,不同学者采用的圈划依据也不相同。Fortin 认为,在子流域以下(中小型研究范围),植被物种差异可作为河岸带边界的判断依据。袁思等以辽宁省大凌河为例,区分天然顺直河段、高山峡谷河段和人工堤防河段,根据河流剖面两侧地面高程值的变化幅度圈划河岸带边界。Naiman 等认为可以通过研究土壤质地、土壤湿度、有机质、总氮和土壤动物区系的差异界定河岸带的范围。在对河岸带进行管理和建设时,往往会从维护河岸带的某一或某几种功能出发,利用数学模型计算出理想的河岸带的宽度,以此作为圈定河岸带范围的依据。Aunan 等认为 50 年一遇的洪水的水位线也可作为判定河岸带与高地边界的依据,但多数地区的河流未必有相关记录。

在进行小型河岸带的圈划时,过于复杂的圈画方法并不适用,仅根据高程变化的圈划方法不够科学;对于缺少水文资料的区域,数学模型方法可操作性不强。因此,本书研究依据河岸带的概念结合已有资料,采用以下依据圈划河岸带:

(1)景观类型差异。

生态学上景观是指由相互作用的拼块或生态系统组成,以相似的形式重复出现的一个空间异质性区域,是具有分类含义的自然综合体。土地覆被方式的变化被认为是环境系统状态和特征变化最清晰和信息最丰富的指标,不同土地覆被类型处于不同的空间位置,直观地反映在遥感影像上,形成景观差异。汤河属于卫河支流,这种小型河岸带与中大型河流具有明显演替梯度的河岸植被不同,其河岸植被类型较少,且大量河段处于人类活动频繁区,河岸带沿线具有密集村庄及城镇,宽度变化受非自然因素影响较大。诸如农田、道路、城镇化等活动使河岸带景观(主要为草地、林地)与其相邻景观要素(主要为农田、建设用地)彼此差异大、异质性强,由于土地覆被类型的不同,能在遥感影像上形成易于识别的景观类型,故景观反差可作为界定岸带范围的重要依据。以景观特征作为划分河岸带与外部边界的依据,有利于保持生态系统的景观完整性。

(2)地形地貌改变。

河流的水文过程塑造了河岸带的独特地貌,其凹陷的地貌形态影响着河网汇流的过程,在一定程度上形成了河岸带生态系统的范围。河岸带与高处的陆地的过渡区往往出现坡度较陡($>25°$)的抬升,这种地势上的差异制约着地表径流的汇流过程,所以能够指示河岸带的边界。人类活动对生态系统的持续性作用中,地貌形态也会发生改变,这破坏了生态系统原本的秩序和完整性,使系统经历从有序到混沌再到有序的循环,直至建立新的秩序。人为活动能够直接重塑河岸带的范围,如防洪堤坝修建后,高处大堤与低处的岸带之间明显的地势差异使两侧形成不同的生态系统,故上述地貌形态的改变可作为划分生态系统边界的重要参考,特别是在人类活动区的中小流域。以地貌形态的改变作为划分依据,保证河岸带较为全面的水文过程和生态过程。

（3）植被物种差异。

河岸带在地理空间上是水陆交界区域,是典型的边缘性区域。由于处在河流生态系统与陆地生态系统的过渡区,在植物群落的构成上,与陆地生态系统存在差异。对比高处的陆地生态系统,河岸带植物相对自然,种群密度和生物多样性更高,受人工干预较少;而陆地生态系统植被多由人工种植,物种单一,排列规整。两者之差异能够在小尺度精确识别河岸带边界,在野外调查中具有很好的指示价值。以植物群落变化作为河岸带划分的依据,有利于保证生态系统结构的完整性和生物多样性。

综上所述,本书研究在划分汤河岸带范围时,以局部地形地貌、植被物种差异和景观差异作为依据,通过小尺度与大尺度的结合,更加准确、全面地判定河岸带边界。

4.3　汤河河岸带的圈划

根据景观类型差异、地貌形态的改变和植被变化3个方面,采用遥感解译和野外调查2种手段,对汤河河岸带进行圈划。

当景观类型在空间上发生变化时,边界的检测是直观的,所以能够通过遥感图像将景观差异解译出来。参考国家标准《土地利用现状分类》(GB/T 21010—2017),结合河岸带情况及遥感卫片分辨率,将土地覆被类型分为以下5种类型:灌木/草地、林地、低覆被区、水体、农田。根据遥感影像的色调、颜色、形状、大小、纹理、图形等解译标志,采用人机结合的目视解译法,对分辨率为2 m的2019年遥感影像进行解译。

地貌形态和植被物种的变化可以通过遥感影像结合野外实地调查查明。项目组于2020年7月对汤河河岸带进行实地调查,9月进行补充调查,共调查77个河岸带调查点。由于1号点位于支流泗河且近乎断流,因此本次分析不包括AD-01。对所调查的河岸带宽度、坡度进行整理(见表4-1)。

表 4-1　河岸带宽度、坡度调查统计

野外编号	坐标	位置	坡度		宽度/m	
			左岸	右岸	左岸	右岸
AD-74	35°56′13.02″N 114°8′27.96″E	东头村鹤林公路曹赵线交叉口南100 m	35°	30°	2	1.5
AD-75	35°55′23.09″N 114°9′47.02″E	元泉村双语小学南50 m	20°	——	13.3	0
AD-76	35°54′42″N 114°10′25″E	陈家湾村东侧大桥处	2°	20°	24	1

续表 4-1

野外编号	坐标	位置	坡度		宽度/m	
			左岸	右岸	左岸	右岸
AD-77	35°53′55.72″N 114°11′34.29″E	大湖村南西 400 m	5°	10°	23	21.1
AD-11	35°53′7.98″N 114°12′28.91″E	后营村东侧 河道转弯处	17°	15°	22	20
AD-10	35°52′57.09″N 114°12′22.47″E	后营村汤河大桥 北侧 100 m	30°	28°	36	30
AD-02	35°52′25.26″N 114°12′46.45″E	故县村明德小学 南 300 m 处	一级陡坎 45° 二级陡坎 43°	一级陡坎 35° 二级陡坎 40°	50	20
AD-03	35°52′32.94″N 114°12′42.12″E	故县村汤河大桥南侧	12° 有三级陡坎	10° 有三级陡坎	100	116
AD-04	35°52′20.30″N 114°12′48.45″E	故县村明德小学南 500 m 汤河转弯处	一级陡坎 45° 二级陡坎 50°	陡坎 48°~68°	18	61
AD-05	35°52′35.74″N 114°13′2.36″E	故县村明德小学东 400 m 汤河南岸	30°	陡坎 46°	2.5	38
AD-06	35°52′32.91″N 114°13′12.24″E	故县村明德小学 东 600 m 河岸旁	35°	陡坎 41°	3.5	66
AD-07	35°53′18.87″N 114°9′31.61″E	故县村 006 乡道 南 200 m 河岸旁	陡坎 50°	陡坎 58°	180	200
AD-08	35°52′17.56″N 114°13′35.75″E	故县村 006 乡道 南 300 m 河岸旁	陡坎 40°	陡坎 43°	15	14
AD-09	35°52′20.07″N 114°13′40.25″E	故县村河流交汇处	10°	7°	15	14
AD-54	35°52′38.92″N 114°13′41.04″E	耿寺村西侧 006 乡道南 200 m	30°	20°	13.5	60
AD-53	35°52′55.90″N 114°13′56.54″E	耿寺村北侧 河道转弯处	15°	陡坎 75°	80	7.8
AD-52	35°53′7.43″N 114°14′0.39″E	耿寺村南西侧 河道转弯处	一级陡坎 80° 二级陡坎 38°	10°	10	17
AD-51	35°53′0.34″N 114°14′15.44″E	耿寺村北 200 m	陡坎 90°	陡坎 30°	15.5	15

续表 4-1

野外编号	坐标	位置	坡度		宽度/m	
			左岸	右岸	左岸	右岸
AD-50	35°52′49.67″N 114°14′29.15″E	耿寺村东侧	陡坎40°	陡坎25°	6	8
AD-49	35°52′47.24″N 114°14′32.50″E	柏落村西侧	20°	24°	5	7
AD-48	35°52′51.16″N 114°15′0.95″E	苗庄村南侧	10°	10°	50	40
AD-47	35°53′27.47″N 114°15′58.42″E	沈柏村北西侧	5°	5°	150	160
AD-18	35°53′48.33″N 114°16′18.19″E	汤河国家湿地公园南西 200 m	10°	8°	15	16
AD-17	35°52′55.90″N 114°13′56.62″E	汤河国家湿地公园西 100 m	12°	10°	35	39.9
AD-16	35°54′3.24″N 114°16′36.39″E	汤河国家湿地公园北 150 m	12°	10°	22	24
AD-15	35°54′15.22″N 114°16′43.37″E	汤河国家湿地公园酒店东 200 m	22°	20°	16	14
AD-19	35°54′23.42″N 114°16′57.44″E	东酒寺村西 100 m	25°	22°	38	42
AD-14	35°54′40.54″N 114°16′58.18″E	东酒寺村汤河水库北东侧	5°	4°	20	25
AD-13	35°54′33.32″N 114°16′58.18″E	东酒寺村北 200 m	10°	12°	47	45
AD-12	35°54′41.28″N 114°16′57.43″E	东酒寺村汤河水库北东侧	5°	5°	60	77
AD-73	35°55′48.25″N 114°17′56.10″E	中张贾村南侧	10°	7°	18	20
AD-72	35°56′30.14″N 114°19′0.35″E	北张贾村东侧	20°	一级陡坎43° 二级陡坎80°	12.1	5
AD-71	35°55′50.47″N 114°22′25.62″E	汤阴县夏都大道光明路交叉口东南侧	—	—	0	0

续表 4-1

野外编号	坐标	位置	坡度		宽度/m	
			左岸	右岸	左岸	右岸
AD-70	35°55′58.31″N 114°23′40.97″E	大傅庄村西侧	25°	30°	12	10
AD-69	35°56′12.43″N 114°23′58.65″E	前湾张西侧	—	—	0	0
AD-68	35°56′41.19″N 114°24′40.08″E	西木佛村南 100 m	30°	25°	15	14
AD-67	35°57′16.59″N 114°25′52.77″E	东木佛村北侧	—	—	0	0
AD-66	35°57′6.26″N 114°27′3.55″E	河岸村东 50 m	—	—	0	0
AD-65	35°56′35.46″N 114°29′4.76″E	南周流村东 100 m	—	—	0	0
AD-64	35°56′31.61″N 114°29′20.67″E	南周流村东 500 m	—	—	0	0
AD-63	35°56′27.90″N 114°29′38.71″E	前高汉村西汤河与永通河汇流处	37°	40°	20	66.7
AD-62	35°57′5.21″N 114°30′26.12″E	程岗村南 400 m	—	—	0	0
AD-61	35°57′5.28″N 114°30′49.99″E	菜园派出所南 200 m	—	—	0	0
AD-60	35°57′11.88″N 114°31′10.70″E	菜园镇西侧河流转弯处	—	—	0	0
AD-59	35°57′26.02″N 114°31′56.05″E	菜园镇官司村大桥旁	—	—	0	0
AD-58	35°57′38.79″N 114°32′24.61″E	S219 桥下后庄村东侧	—	—	0	0
AD-57	35°58′6.13″N 114°33′10.95″E	葛庄村南西 200 m	—	—	0	0
AD-56	35°58′27.83″N 114°33′45.83″E	葛庄村东 100 m	—	—	0	0

续表 4-1

野外编号	坐标	位置	坡度		宽度/m	
			左岸	右岸	左岸	右岸
AD-55	35°58′47.21″N 114°34′34.78″E	二伏厂村南侧	33°	30°	16.1	18
AD-46	35°59′14.31″N 114°35′15.76″E	石辛庄村北侧	48°	48°	10	10
AD-45	35°59′31.27″N 114°35′36.65″E	四伏厂村南侧	34°	6°	15	26
AD-42	36°0′1.51″N 114°36′19.16″E	四伏厂村东侧汤河旁	6°	5°	6	25
AD-41	36°0′12.17″N 114°36′34.69″E	南高城村南侧	12°	26°	18	13
AD-40	36°0′24.91″N 114°36′49.18″E	北高城村东侧河流转弯处	27°	41°	30	8
AD-39	36°0′26.31″N 114°37′2.77″E	北高城村东 250 m	35°	27°	16	17.4
AD-38	36°0′22.48″N 114°37′42.55″E	东小庄村西 700 m	35°	32°	18	17.4
AD-43	35°59′45.13″N 114°35′57.76″E	四伏厂村南侧	23°	42°	16	8
AD-44	35°59′43.47″N 114°35′54.61″E	四伏厂村南 300 m 河岸旁	4°	6°	22	8
AD-20	36°0′22.40″N 114°38′2.82″E	东黄门南 100 m 河流左岸	16°	陡坎40°	25	15
AD-21	36°0′21.26″N 114°38′2.96″E	东小庄村北侧河流左岸	27°	26°	13	22.3
AD-37	36°0′36.61″N 114°38′57.23″E	东小庄村东 700 m	18°	16°	18	15
AD-22	36°0′26.70″N 114°39′38.05″E	北庄村南东侧	26° 有三级陡坎	27° 有三级陡坎	22	25.4
AD-23	36°0′26.74″N 114°40′25.03″E	南和仁村北部河岸	22° 有三级陡坎	20° 有三级陡坎	18	23.6

续表 4-1

野外编号	坐标	位置	坡度		宽度/m	
			左岸	右岸	左岸	右岸
AD-24	36°0′23.36″N 114°40′0.3″E	南和仁村西 500 m 河流转弯处	30° 有四级陡坎	26°	16	21
AD-25	36°0′30.31″N 114°40′43.44″E	南和仁村村民委员会北侧河岸旁	60°	一级陡坎 50° 二级陡坎 26°	20	23
AD-26	36°0′26.44″N 114°41′24.30″E	东和仁村西 200 m 河岸旁	25°	20°	21.5	23
AD-27	36°0′20.65″N 114°41′23.03″E	东和仁村南东 200 m	一级陡坎 35° 二级陡坎 30°	一级陡坎 40° 二级陡坎 15°	7	9
AD-28	36°0′11.04″N 114°41′38.13″E	南和仁村东侧河岸旁	8°	5°	15	18.8
AD-29	36°0′5.19″N 114°41′43.52″E	南和仁村东侧向阳路河岸旁	40°	37°	15	21.4
AD-30	35°59′53.69″N 114°41′43.19″E	东和仁村南东侧向阳路河岸旁	15°	15°	18	21
AD-31	35°59′38.59″N 114°41′55.77″E	杜故城村东侧河岸旁	一级陡坎 47° 二级陡坎 42°	30°	13	15
AD-32	35°59′29.98″N 114°42′8.39″E	杜故城村东 1 km 河流转弯南侧	22°	一级陡坎 50° 二级陡坎 48°	16	18.4
AD-36	35°58′55.02″N 114°42′1.54″E	元村西 500 m	一级陡坎 33° 二级陡坎 26°	35°	22	18
AD-35	35°58′31.27″N 114°41′33.36″E	西元村 002 乡道河岸旁	40°	一级陡坎 46° 二级陡坎 43°	16	18
AD-33	35°58′13.19″N 114°41′7.96″E	西元村汤河转弯处	27°	40°	20	18
AD-34	35°58′3.92″N 114°41′7.53″E	西元村汤河汇入卫河	一级陡坎 15° 二级陡坎 20°	一级陡坎 10° 二级陡坎 25°	12	16

注：人工修整边坡处已失去河岸带意义，故坡度记为"—"，AD-02 即为河岸带调查点 2。

参照《汤河流域植物生存域及湿地生态水位研究报告》中 2019 年汤河流域高精度遥感图像的解译结果和野外调查结果进行河岸带的圈划，圈划结果见附图 1。不同河段的具体圈划过程如下。

4.3.1　汤河源头至故县段

汤河原起于鹤壁市鹤山区东头村,如今东头村至元泉村河流干涸,仅剩河道,遍布杂草,河岸带基本不存在。汤河现起于元泉村,左侧河岸带地势低、坡度大,与高处的村庄有明显景观差异;右侧地势较平,土地被开垦为农田,岸带缺失。元泉村至陈家湾村,河流水量较小,河岸带两侧土地利用方式为农田,景观差异显著,是边界划分的依据。陈家湾村至后营村河岸带穿越鹤壁市山城区城区,河岸带两侧紧邻民房,植被与建筑用地的明显景观差别是划分边界的依据。此区域内河道经过治理,河岸带宽度较窄,植被单一。

后营村处汤河南岸紧邻村庄,河岸带与民房相接,相接处地势增高,即为河岸带边界。右岸为侵蚀岸,宽度较小,为 10~20 m,河岸带边缘处有人工种植的杨树。左侧岸带内受到扰动,修有土路,向外地势升高,外边缘与耕地接壤,宽度为 20~30 m。河岸带向南延伸至故县村,两岸植被生长较为相似,浅水域有马唐、芦苇等水生植物,河岸带以草本植物为主,在河岸带边缘有人工种植的杨树。沿途两岸不时有农田侵入,在河流转弯处侵蚀岸地形变陡,河岸带宽度变小。在故县村北由于支流汇入,汇入侧河岸带(南岸)变宽,宽约 40 m,北河岸岸带较窄,部分地点不足 10 m。此区域内河岸带与临近陆地的差异不仅体现在地势上,也体现在景观上。河岸带与两侧的建筑用地和农田呈现截然不同的景观特征:河岸带植被呈带状沿河分布,农用地呈块状分布,建筑用地分布从人类聚居区向外辐射。

在故县村明德小学附近,河岸带宽度增加,在河流转弯处宽度最大,右侧河岸带宽度为 20~50 m,最宽处可达 110 m;左侧河岸带宽度为 10~50 m。此段植被较为丰富,乔木、灌木、草本以混生方式分布,有人工林,农田基本在河岸带外部。河岸带边缘与外侧高地均有大量杨树与构树,在物种上没有大的差异,划分主要依据地势上的明显高低差异。河岸带区域地势低,其边缘有 1.2~2.5 m 高的地势抬升,坡度较陡,为 35°~48°,与高地有明显的区分。

转弯后河岸带与相邻陆域地势依然具有十分明显的落差,岸带边缘地形升高形成陡坎,抬升处坡度较大,为 35°~58°,是划分边界的依据(见图 4-1);此处林地为杨树林,虽与农田景观差异大,但其为人工种植,边界受人类支配,在此处不具有指示性。之后河岸带宽度减小,受地形影响,右岸较为宽阔,少则十几米,宽则六十余米;左岸窄,宽度仅有 5~20 m。河岸带草本植物生长状况良好,在边缘处有人工栽种成排的杨树,开阔区域有杨树林(见图 4-2)。在北柳涧北东河流由南东向北转弯处,右侧河岸带变宽,有大面积种植的杨树林,树林外侧有地势抬升,为河岸带边界,河岸带外土地利用方式为农田。

4.3.2　汤河水库段

由北柳涧至耿寺村附近(汤河水库上游),由于村庄周边人类活动的改造,河岸带产生较大改变,河岸带的划分依据主要为现场调查记录的植被物种变化和地形差异。地形差异体现为地势抬升,陡坎坡度 25°~80°,高 1.5~3 m;物种变化体现为:河岸带内主要为牛筋草、葎草、鬼针草、苦苣等草本植物,乔木主要为构树和人工种植的杨树,岸带外则全部为人工种植的杨树。河岸带宽度几米至十几米不等,在平直的河段两岸宽度相近,在河流转弯处侵蚀岸坡度陡、宽度窄,堆积岸较平坦。

图 4-1　河岸带两侧地势差异

图 4-2　故县村东侧河流转弯处河岸带

在汤河水库上游至汤阴县城，河岸带完全被改造。水库左岸十分平坦，沿河岸带有宽 15.40 m 的人工林，外侧紧邻农田，由于地形人为改造较大，将明显的景观差异作为划分的依据；水库右岸以地势差异作为划分依据，宽度明显增大，多数区域在 40 m 以上，最宽可达 160 m，河岸带内为汤河湿地公园修复的植被，以香蒲、芦苇、稗等为主。水库下游至汤阴县西边缘，河岸带在地势上低于外部陆地，并且高地边缘修有道路，可以很好地指示河岸带的边界。宽度为 10~20 m，范围内植被生长状况良好，乔木种类增加，调查有构树、榆树、楝树、杨树、泡桐等。汤阴县城范围内的河岸带经过恢复重建，修建城市河道植物恢复区和湿地宣教文化长廊，与外部的城市建筑景观差异明显，河岸带边缘即为人工恢复区的边缘。

在汤阴县城东边缘的后湾张村至东木佛村，河岸带位于低地，植被以草本植物为主（见图 4-3），在地势较高处的边缘有臭椿、人工种植的杨树和垂柳等乔木，宽度为 5~20 m，与外侧的农田和村庄有 2~4 m 的落差，地势高低与景观对比明显。

图 4-3　后湾张村至东木佛村调查实拍

4.3.3　东木佛村至元村段

东木佛村至元村段(汇入卫河处),河岸带不断穿越村庄,人类的干扰条件相似,有人工修筑的防洪堤,以景观与地势差别为依据区分河岸带与陆地:河流至防洪堤区域地势逐渐升高,坡度为25°~40°,堤上修有道路,堤外侧地势再次降低,外侧土地利用方式为农田。其中东木佛村至葛庄村段,河道正在整治,河岸带遭到破坏,植被基本缺失,仅在局部有草本植物生长,主要为水花生、葎草、苘麻、狗尾草、青蒿和稗。葛庄村以下至元村段,河岸带内大多开垦有农田,近水域有草本植物,地势较平坦,种植有玉米、芝麻、红薯等农作物,河岸带边缘生长有构树、杨树等乔木(见图4-4)。

图 4-4　葛庄村至元村段河岸带实拍图

地下水与植物多样性河岸带位于河水与地下水的交换区,地下水埋藏较浅,植物群落未遭受或遭受较轻的水分胁迫。影响植物根系吸水的内部因素主要是根木质部溶液的渗透势、根系生长长度及其分布、根系对水分的透性或阻力等;外部因素主要是土壤中可被植物根系利用的水分、土壤通气状况、土壤温度、土壤溶液浓度等。地下水面以下土壤孔隙呈水分饱和状态,通气不良,造成土壤缺氧、二氧化碳浓度过高,短期内可使细胞呼吸减弱,影响根压,继而阻碍吸水。长期浸水将形成无氧呼吸,产生和积累了较多的酒精,根系中毒受伤,植物无法生存,故将河岸带的底边界定为地下水面。

4.4　河岸带的变迁

1987 年、1995 年和 2005 年遥感影像分辨率为 30 m,对于边界的变化精度较低,故采用 1970 年分辨率为 2 m 的遥感照片与 2019 年分辨率为 2 m 的高分影像作对比。1970 年的遥感照片无波段信息,无法解译,采用目视解译参考地形图对 1970 年的汤河流域黑白图像进行河岸带的圈划(见附图 1)。对比 2019 年的圈划结果(见附图 2),河岸带变迁体现在以下方面:

(1)河岸带形态与范围变化剧烈。

在河流源头段河岸带变化巨大,在 20 世纪 70 年代东头村至元村段河岸带具有一定宽度,而在 2020 年进行野外调查时河流干涸,仅剩河道,河岸带几乎不存在。在耿寺村南侧的河流转弯处,20 世纪 70 年代可见明显地形起伏,河岸带南部地势高,随着距河流距离的减小,河岸带地形出现阶梯式下降;而在 2019 年的卫星影像和 2020 年的野外调查中此处地势并未见到明显的多级阶梯式变化,地形较为平整,已全部改造成耕地,河岸带范围发生缩小。

此外,河岸带在水库南东侧和汤阴县城段范围变化较大。20 世纪 70 年代汤阴县城规模小,仅存在于汤河南侧,今县城范围内的河岸带在当时两岸均为农田,仅在靠近河流地形陡峭处未被改造。在水库南侧根据地形圈定河岸带范围,今湿地公园范围内的水位变动带和路面设施在 20 世纪 70 年代均是农田,由于植被修复和湿地公园的修建,河岸带范围得到拓宽。

(2)土地利用方式的改变。

土地利用方式的变化主要体现在中游和下游,随着沿岸居民生活水平的提高和生活方式的变化,对于河流岸带范围内的土地利用进行了较大规模的开发,在城镇范围内以清理河道、建设生活构筑物为主,从 20 世纪 70 年代至今河岸带外侧均修筑有防洪大堤;在部分地段则以开垦耕地为主,河岸带自然状态下的林草地为耕地,尤其在中游和下游河段更为明显,甚至在河岸带边缘的坡地上种植农作物。

(3)植被覆盖与类型的变化。

植被覆盖度出现明显变化,由高覆盖度向低覆盖度转变,裸地比例逐步升高;植物类型也发生明显变化,从自然生长的灌木(如黄荆)、草本和少量的乔木(如构树)为主变为以农作物为主,兼有部分人工种植的乔木(如杨树)和自然生长的草本。

4.5　汤河河岸带生态系统特征及其变迁

4.5.1　河岸带生态系统及其子系统划分

4.5.1.1　河岸带生态系统

生态河岸带是指有边界清晰的三维结构、保持植被景观格局完整与生物多样性,且具有较为全面水文过程和生态过程的生态功能单元。河岸带生态系统是重要的生态过渡带,也是物质运输和能量转化最活跃的区域。具有降低面源污染、保持和维护生物多样性、提高生态系统生产力、稳定河岸和美化环境等功能,此外在社会生产和经济发展中也发挥着重要作用。

生物与环境构成河岸带生态系统,有着特殊的水–土壤–植被结构。这种结构令河岸带生态系统与陆地生态系统和河流生态系统相对独立,却又有着密切物质交换与能量流动。河岸带生态系统有着独特的空间构成和时间特征:空间构成包含了从植被的地面生长发育空间到地下生境特征,从河流上游到河流下游的纵向变化和从水陆交界到临近土地的横向变化;时间特征则表现为河岸带形态上的变化和河岸带生物群落随时间变化上的演替特征。所以河岸带具有纵向空间的镶嵌性、横向空间的过渡性、垂直空间的成层性与时间分布的动态性等边缘特征,是典型的边缘性区域。

从纵向上看,河岸带空间具有镶嵌性。汤河河岸带由自然保护区(湿地、水禽栖息地保育区等)、景观资源开发利用区(周易文化宣教区、城市休闲娱乐区等)、治理保护区(防护林带、防洪疏汛区等)、村庄河岸带区等不同的单元组成。在不同单元人类活动影响的程度、方向和结果也不同。各单元交错连接、相互嵌套,带状连续分布,具有一定镶嵌性。

从横向上看,在水域走向陆域时,系统的水域生态特征逐渐减弱,而陆域生态特征逐渐增强。河岸带区域内植物的立地条件、相互作用与远离河岸带的陆域及水域存在着明显的特殊性,叠加了陆地和水域的地域特点,兼有相邻两侧地域单元的部分特征。尤其在汤河河流较宽处,这种边缘性和过渡性更加明显,能够形成一定的分带特征。

从垂向上看,地表植物和地下生境都具有垂向空间的成层性。地表乔木、灌木、草本个体高度不同,生长空间位于不同层位;在地下不同物种也有不同的地境稳定层。一年生植物根系浅,它们的地境稳定层相应在表层。而野生多年生乔木、灌木根系普遍较深,它们的地境稳定层相对处于地境的较深层位。不同种类的植物共生时,它们的稳定层可能会相互重叠。

从时间上看,河岸带生态系统具有动态性。随着时间的变化,由于自然和人为的作用,河岸带边缘区的结构形态、主要功能、生态系统状态等都处于不断变化过程,它始终是一种动态变化的过程。

汤河河岸带生态系统处于低山丘陵向平原过渡地区,受到了密集人类活动的深刻影响。汤河河道外侧的自然环境在 20 世纪七八十年代被大量改造为农田,河岸带生态系统的结构和功能受到一定的破坏。汤河上游河道防洪标准较低,曾进行过多次治理,治理段河道过流能力仅为 278~501 m^3/s,不足 10 年一遇,防洪基础设施薄弱,易对河岸带产生不利影响。虽然实施了一定的治理和恢复措施,生态系统结构和各项功能均在不断完善中,总体向好发展,但是河岸带生态系统物种丰富度较低,自然植被面积萎缩、覆盖程度不均,受到农业行为的影响依然较大。

4.5.1.2　生态子系统的划分

本节研究主体——汤河河岸带生态系统横跨多个县市,所以不同河段河岸带的特点可能不同,植被的生长有着结构和功能的差异。若仅仅只以流域尺度衡量分析,则会忽略小区域的异质性和不稳定性。故将河岸带划分为若干个生态子系统,从不同尺度分析每个生态子系统中的植被分布和变化,从大尺度分析子系统内部和系统间的景观、结构和功能的变化。采用小尺度与大尺度结合的手段综合分析汤河河岸带的特征。

汤河水文资料较少,故依据高程和地形地貌的差异,基于 12.5 m 分辨率的流域数字高程(DEM)数据,利用 ArcGIS 的 3D Analyst 工具生成地形图对汤河进行上、中、下游划分。汤河上游位于研究区西部,鹤壁市鹤山区东头村至山城区耿寺村附近,河段长约 15 km;中游从鹤壁市山城区耿寺村至安阳市汤阴县东木佛村附近,河段长约 28.2 km,包括整个汤河水库库岸并穿过汤阴县城;下游从汤阴县东木佛村至内黄县元村,河段长约30.1 km。由此,河岸带生态系统形成了上游生态子系统、中游生态子系统和下游生态子系统(见图 4-5)。

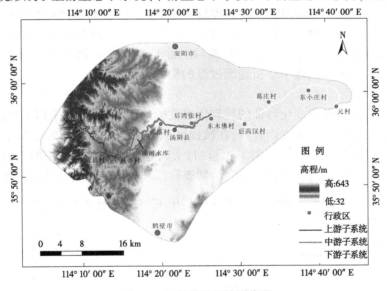

图 4-5　河岸带子系统划分图

值得注意的是,各子系统虽然有自身特点,但这些特点并非是突变的,并不是到达某地之后,其生态过程立即改变,而是子系统间的边缘会存在一定的渐变,这体现出生态系统的过渡性。

河岸带上游生态子系统起于五岩山东麓元泉村,丘陵地形导致上游河岸带两侧地势起伏较大,部分区域坡度可达 20°以上,有泗河和其他不具名季节性支流汇入;河道过水断面窄,河岸带蜿蜒曲折。东头村至元泉村河道干涸,生长杂草。元泉村以下,河岸带内草本、灌木植物为自然生长的物种,乔木有自然生长和人工种植两种方式,在一些较宽的区域河流水分对植被影响明显,存在横向上的分带。河岸带中游生态子系统是西部丘陵与东部平原过渡区,河岸带地势相对平缓,区域内地形坡度多在10°左右或10°以内,局部达15°。该子系统大部分位于县城内,多处经人工修复,有不同的功能单元,植被有明显分带。河岸带下游生态子系统位于研究区东部的平原区,受到大量连续扰动及河道整治的影响强烈,河道较上、中游平直,多处区域坡度与原始植被已完全改变,河岸带内存在大面积农田。

4.5.2　河岸带上游生态子系统

4.5.2.1　河岸带上游生态子系统的生态格局

研究河岸带上游生态子系统(简称上游岸带子系统)的生态格局,能够了解子系统内不同类型植被的多样性和分布情况,从而系统地了解河岸带生态系统的生态现状,是人类反思现有的土地利用模式,重新规划、优化现有的自然环境,维护生态安全和实现人类的可持续发展的基础工作。

1. 生态格局调查

1)调查内容

主要调查河岸带植物的物种组成、出现次数及分布情况。

2)调查方法

由于河岸带植物调查涉及范围的长度较大,用样方法很难做到对区域内的全部植物全面了解,因此可以采用样线进行调查。样线调查法是植物调查的常用方法之一,指在某个植物群落内或者穿过几个群落取一直线(用测绳、卷尺等),沿线记录此线所遇到的植物并分析的方法。该方法适于分析逐渐过渡的植物群落。

3)调查点布设

选取可反映植物种类变化特征的具有代表性的地段,样线选择采用主观取样法,根据河岸带特征在形态复杂处加密调查点,在城镇区域减少调查点。上游岸带子系统内共计设置15个河岸带植物调查点(见图4-6),在每个调查点沿垂直于河流的方向,从河流/河岸带交界面拉一条样线,直至河岸带边界,调查样线两侧植物种类及其分布情况。

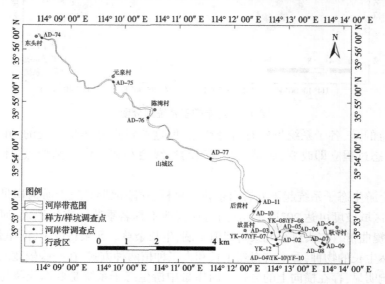

图4-6　上游岸带子系统调查点分布

2. 生态格局分析

在河岸带生态系统中,植物群落是其最重要的组成部分,它是生态系统能量和物质的主要提供者,也是生态系统维持及调控的主要作用者。河岸带植物群落特征及其生态过程受地方气候条件、土壤特征、河岸的地形地貌、上下游环境及河岸上动植物等共同影响,河流宽度、水文动态、人为干扰等也会影响河岸带植被的外貌、物种组成、生产力等,不同区域的河岸带植物群落组成及动态等可能出现较大的差异。本书从物种组成和空间分布来描绘上游岸带子系统的生态格局现状。

1) 物种组成和多样性

按物种出现的次数整理河岸带野外调查记录得到表 4-2,分析上游岸带子系统内的物种组成和多样性。

表 4-2　上游岸带子系统植物调查结果

物种编号	植物类型	物种	出现次数	物种编号	植物类型	物种	出现次数	物种编号	植物类型	物种	出现次数
1	草本	葎草	13	15	草本	小蓬草	2	29	草本	扁竹	1
2		狗尾草	7	16		稗	2	30		苋	1
3		芦苇	6	17		苍耳	2	31		鳢肠	1
4		青蒿	5	18		车前草	2	32		蒙古蒿	1
5		艾	5	19		天名精	2	33	灌木	黄荆	4
6		披碱草	5	20		水芹	2	34		荆条	2
7		地毯草	5	21		香蒲	2	35	乔木	杨树	9
8		马唐	4	22		狗牙根	2	36		构树	7
9		灰绿藜	4	23		芦竹	1	37		柏树	2
10		鬼针草	4	24		马齿苋	1	38		垂柳	1
11		水花生	3	25		刺儿菜	1	39		槐树	1
12		牵牛花	3	26		地黄	1	40		臭椿	1
13		牛筋草	3	27		香菇草	1	41		柽柳	1
14		红蓼	3	28		野菊	1				

表 4-2 所示为上游 15 个调查点的植物物种出现情况。共调查到 32 种草本、2 种灌木、7 种乔木,其长势均较好。葎草出现 13 次,次数最多,因为其适应能力极强、适生幅度特别宽;狗尾草出现 7 次,芦苇出现 6 次,青蒿、披碱草、艾、地毯草出现 5 次,是较适宜在河岸带生长的植物。灌木数量很少,主要在河岸带较宽的区域可见黄荆、荆条。乔木中,杨树出现 9 次,构树 7 次,自然生长的乔木以构树为主,杨树分布较多是因其完全由人工控制。

出现次数较多且长势较好的物种在上游岸带子系统的生存适合性较高,与群落演替的潜在趋势关系密切,对群落的演替、河岸带生态系统抗干扰性和恢复性具有重要意义。

2)植被空间分布特征

　　由野外调查到的物种的分布可以看出,草本、灌木和乔木对生态资源的利用方式有着显著的差异,尤其是对水分因子的敏感性和耐干扰性的程度不同,草本植物一般分布于近河区域,而乔木则位于河岸带边缘(见图4-7),左右岸的差异并不明显。

图4-7　上游岸带子系统植被分布

　　草本植物的分布无论在纵向还是横向上都具有连续性,在相邻的调查点会多次出现,分布广,利用的空间主要在土壤浅表层。受人类的干扰响应不明显,其干扰主要表现在入侵物种水花生分布多、长势好。

　　灌木较少生长,种类也不丰富,在水分充足的近岸未见分布,仅点状分布在人类改造过的接近陆域的区域,多与构树一同出现,生长状况良好,说明两者对环境条件有着较为相似的利用需求。

　　乔木分布的纵向连续性较差,仅在部分调查点出现,且物种较为单一。自然生长的多为易繁殖、生长快、耐污染、适应性强的构树;人工种植的树种主要分布在河岸带地势较缓之处或者边缘。杨树占有明显数量优势,自然生长的构树大多较为矮小,说明其生长受到限制,是人类沿河种植密集杨树的负面影响。人工的修复和防护措施,能够在较短的时间内提高植被覆盖情况,但是会与自然生长的同类型植物争夺资源,限制其生长,且种植的品种单一,不利于生态系统对生物多样性的保护。一些河段有块状农田侵占河岸带的现象发生,种植作物普遍为玉米,个别地点种有西瓜、南瓜等,打断了河岸带植物物种的连续性。

　　在垂向层面上,乔木占据了2 m以上的空间,灌木和乔木幼苗主要占据1~2 m的空间,1 m以下的空间主要被草本占据。分层使单位面积上可容纳的生物数目加大,使不同生活型植物能更完全、更多方面地利用环境条件,大大减弱它们之间的竞争强度,而且多层群落比单层群落有更大的生产力。

4.5.2.2　上游岸带子系统的景观格局变迁

　　景观是由不同生态系统组成的地表综合体。不同的生态系统经常表现为不同的土地利用或土地覆被类型,因此景观格局主要是指构成景观的生态系统的土地利用和覆被类型的形状、比例和空间配置,是系统内生态过程在一定时间片段上的具体体现。河岸带景观格局的变迁具体表现为景观面积变化、空间分布变化及景观格局指数的变化。

1. 研究方法

利用景观格局指数进行景观格局研究是目前景观生态学界广泛使用的一种定量研究方法。景观指数是景观格局信息的高度浓缩,能够反映景观结构的组成和空间配置等方面特征的信息。它建立了格局与景观过程之间的联系,通过景观指数描述景观格局具有使数据获得一定统计性质和能够比较分析不同尺度上的格局等优点。在对景观的定量分析研究过程中有许多景观格局指数可供参考,常用的有诸如斑块数(NP)、斑块类型面积(CA)、斑块密度(PD)、香农多样性指数(SHDI)、香农均匀度指数(SHEI)等。为了更好地量化植被分带的空间特征,将景观指数这一景观生态学分析方法应用到河岸带植被分布的空间格局分析中。

1) 分类标准

研究显示,景观类型丰富程度对于景观指数值及其随尺度的变化特征具有显著影响,若不同影像数据采用同一土地分类方案,则景观格局指数对分类误差不敏感。因此对于不同年份的影像,应采用统一的分类方案。本章研究以土地利用现状分类的一级系统为基础,划分汤河河岸带的土地覆被方式,将河岸带的景观分为农田、林地、灌木/草地、低覆被区 4 种类型。因水体与河岸带有着密切的相互作用,在解译时不单独去除水体。人工修筑物(桥梁、岸坡等)在河岸带中较少出现且这类用地中不生长植被,故将其囊括在低覆被区内。结合本区域特点,选取嵌块体的具体含义如表 4-3 所示。

表 4-3　景观分类体系

编号	类型名称	含义
1	农田	泛指耕作区,包括菜地、旱耕地等
2	林地	包括天然林与人工林
3	灌木/草地	主要为草本植物和灌木植物生长的地区
4	低覆被区	包括人工修筑物、由于人为因素导致暂时没有植被生长或植被稀疏的地区等
5	水体	指河流、水库及河边围起的鱼塘等

2) 数据来源及解译方法

本研究以经过地理坐标配准、几何校正的高分一号和高分二号高精度遥感影像为2019 年夏季影像的数据源,地面分辨率为 2 m;以 landsat5 遥感影像为 1987 年、1995 年和2005 年夏季影像的数据源,地面分辨率为 30 m。根据遥感解译的信息提取,获得土地覆被类型图;再以地理信息系统 ArcGIS10.2 和景观格局分析软件 Frastats4.2 为手段,计算斑块的数目、面积、周长等斑块特征和各种景观指数,进行景观格局分析。

3)景观格局指数选取

选斑块类型面积、斑块密度、香农多样性指数、香农均匀度指数等指标进行分析。Fragstats 软件有 3 个不同的应用尺度:斑块级别、类型级别和景观级别。在 3 个级别下分别选取对应指标,各指数含义如下。

(1)斑块类型面积 CA(Class Area):CA 的大小制约着以此类型斑块作为聚居地的物种的丰富度、数量、食物链等,不同类型面积的大小能够反映出其间物种、能量和养分等信息流的差异。计算公式如下:

$$CA = \sum_{j=1}^{n} a_{ij} \times \frac{1}{10\ 000} \tag{4-1}$$

式中　n——斑块个数;

　　　a_{ij}——第 i 类第 j 个斑块的面积。

(2)斑块密度 PD(Patch Density):表示单位面积上的斑块数量,可用于不同大小景观间的比较。计算公式如下:

$$PD = \frac{n_i}{A}(10\ 000)(100) \tag{4-2}$$

式中　n_i——第 i 类景观要素的总面积;

　　　A——所有景观的总面积。

(3)周长-面积分维数:面积和周长是空间图形最一般的数量特征,对于具有复杂几何形貌的景观问题,常通过周长-面积分维数描述其面积和周长特征,其特征对景观结构、景观格局、景观多样性、景观异质性及生态流、生物多样性等各种生态过程和现象具有深刻的影响。

(4)香农多样性指数 SHDI(Shannon's Diversity Index):在群落生态学中对于多样性的检测有着广泛的应用。该指数能反映景观异质性,对景观中各斑块类型非均衡分布状况尤为敏感。另外,在比较和分析不同景观或同一景观不同时期的多样性与异质性变化时,也是一个敏感指标。如在一个景观系统中,土地利用越丰富,破碎化程度越高,其不定性的信息含量也越大,计算出的 SHDI 值也就越高。公式如下:

$$SHDI = -\sum_{i=1}^{m} (p_i \ln p_i) \tag{4-3}$$

式中　m——斑块个数;

　　　p_i——景观斑块类型 i 所占据的比率。

(5)香农均匀度指数 SHEI(Shannon's Evenness Index):反映斑块类型的均匀性和优势度。$0 \le SHEI \le 1$,其值越小表明景观优势度越高,越不均衡,景观受到一种或少数几种优势斑块类型支配;其值趋近 1 时优势度低,说明景观中没有明显优势类型且各拼块类型在景观中分布均匀。公式如下:

$$SHEI = \frac{-\sum_{i=1}^{m} (p_i \ln p_i)}{\ln m} \tag{4-4}$$

2.结果分析

河岸带分割了背景地域,是不同于其两侧基质的带状廊道。河岸带景观格局变化主要表现在组成河岸带景观的斑块的变化,因此河岸带景观变化可将河岸带斑块作为基本研究单元。后营村以上汤河两侧为鹤壁市老城区,经过多次河道改造,河岸带坡度、宽度、植物已被完全改变,故仅讨论后营村以下的河岸带。图 4-8、表 4-4、表 4-5 展示了 1987——2019 年 33 年间上游河岸带的景观空间格局变化。

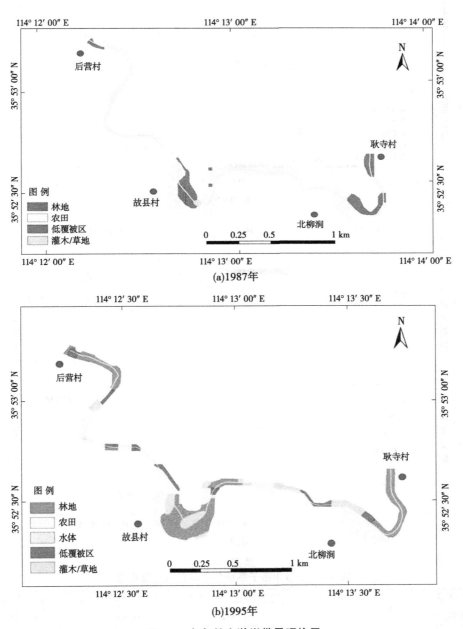

图 4-8　各年份上游岸带景观格局

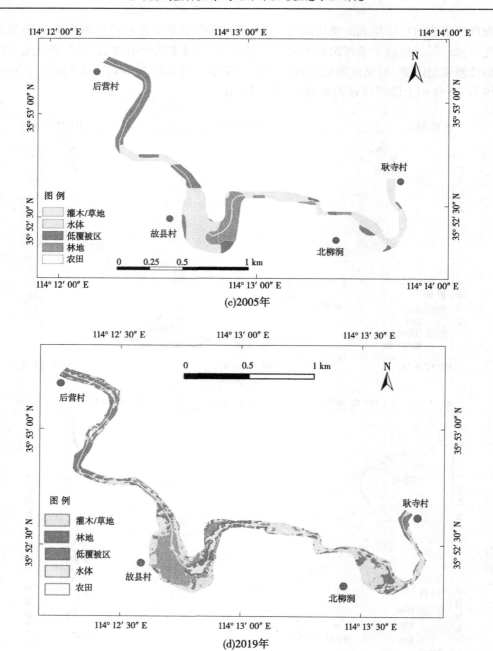

(c)2005年

(d)2019年

续图 4-8

表 4-4　上游岸带子系统各年份景观类型指数

年份	景观面积/hm²	周长-面积分维数	香农多样性指数	香农均匀度指数
1987 年	47.25	1.518 6	0.568 7	0.410 2
1995 年	44.55	1.425 7	1.233 8	0.766 6
2005 年	47.25	1.365 4	1.186 4	0.855 8
2019 年	42.82	1.293 1	1.244 9	0.773 5

表 4-5　上游岸带子系统各年份斑块类型指数

年份	类型	斑块类型面积/hm²	景观类型比/%	斑块密度
1987 年	农田	38.52	81.523 8	4.232 8
	低覆被区	7.47	15.809 5	10.582
	林地	0.99	2.095 2	6.349 2
	灌木/草地	0.27	0.571 4	2.116 4
1995 年	低覆被区	19.8	44.354 8	35.842 3
	灌木/草地	14.4	32.258 1	20.161 3
	林地	6.12	13.709 7	22.401 4
	农田	4.23	9.475 8	24.641 6
	水体	0.09	0.201 6	2.240 1
2005 年	灌木/草地	23.67	50.095 2	12.698 4
	低覆被区	12.78	27.047 6	21.164
	林地	6.93	14.666 7	10.582
	水体	0.05	0.001 1	1.350 3
	农田	3.87	8.190 5	4.232 8
2019 年	灌木/草地	19.545 5	44.075 5	584.051 6
	低覆被区	12.934	29.166 5	1 057.607
	林地	9.438 6	21.284 3	196.187 2
	水体	1.527 1	3.443 8	51.865 6
	农田	0.900 2	2.03	239.032 7

　　根据表 4-4、表 4-5 数据绘制 1987—2019 年上游岸带子系统各指数的变化曲线（见图 4-9）。

　　1）空间分布变迁

　　由图 4-8 可知上游岸带景观类型的分布有如下特点和变化：

　　（1）如图 4-8(a)所示,1987 年河岸带景观结构简单,覆被方式几乎全部为农田,其面积占比高达 81.52%,而植被仅占 2.67%,自然结构和生态功能受到巨大破坏。这一时期农田斑块占有绝对优势,在整个系统内大面积分布。林地与灌木/草地仅分布在故县村附近的河流转弯处;低覆被区主要位于岸带边缘。

　　（2）如图 4-8(b)所示,1995 年农田已有大幅减少的趋势,但在岸带各处仍有分布。林地与草地相间分布于系统内各处,大面积的低覆被区转变为林地和灌木/草地,低覆被区仅零星分布在河岸带边缘。林地与草地的增加表明河岸带结构逐渐复杂,生态功能得到一定改善。

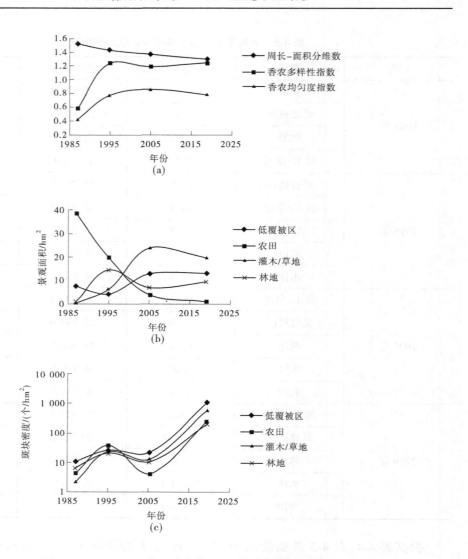

图4-9　1987—2019年上游岸带子系统景观指数变化图

（3）如图4-8（c）所示，2005年大面积的农田仅存在于北柳涧附近的河岸带较宽处，其余地区几乎不存在。灌木/草地取代农田，成为这一时期的优势景观。林地的分布变得相对集中，主要分布在故县村附近的河岸带较宽处，宽阔平坦的地势给予了乔木林一定的生长空间。低覆被区面积变大，除了集中在上游河岸带西北部，在其他区域也有分散分布。

（4）如图4-8（d）所示，2019年大面积农田已经不存在，农田以小块形式分布在村庄附近。灌木/草地斑块面积大、覆盖面积广、聚集度高，依然是上游河岸带的优势景观。林地的空间分布基本没有改变，趋于稳定。低覆被区依然主要在上游河岸带西北部，经过实地调查该区域河流水量小，导致河岸带植被稀疏，覆盖度低，少有乔木，零星灌木/草地斑块。

面积是景观格局形成的基础,各个地类的构成比例和空间格局初步反映了整个区域在研究时段内景观格局的变化。1987年农田在面积上有绝对优势,占整个景观面积的81.52%,而在1995年之后大幅降低,之后的20年虽稍有波动,但总体保持在较低的比例。灌木/草地在1987—2005年面积增长较为迅速,在2005—2019年大致保持稳定。林地自1987年开始面积一直在增长,但增长的速率较灌木/草地低,维持在慢速增长的水平。低覆被区的面积在1987—1995年间增加,在之后的10年间保持下降,并趋于稳定。

2)时间变迁

各种土地覆被类型的斑块并没有永久的形式,在自然环境的制约、人类活动和社会经济条件的影响和干预下,其破碎度、空间异质性、均匀度不断发生着变化。景观格局指数体现的正是这些变化(见表4-4、表4-5、图4-9)。

(1)景观破碎度。

斑块密度与河岸带景观被分割的破碎程度关系密切,可以用来衡量景观的破碎度。如图4-9(c)所示,4种景观类型斑块密度的变化具有一致性,各景观类型的斑块密度在1987—1995年增加,1995—2005年减小,其增加和减小的幅度相似,为正常涨落;2005—2019年斑块密度增长速率较快。斑块密度的快速增加,表明一定面积上异质景观要素斑块数量变多,连通性差,景观更加破碎。其中,灌木/草地、林地和低覆被区斑块密度变化幅度较为相似,农田的斑块密度变化幅度最大。说明农田在人类活动的过程中受到的改造最大,在原先河岸带被大片农田侵占的基础上,林地与灌木/草地逐年增加,使景观变得越来越破碎。农田景观的破碎意味着原先对河岸带的大片开垦受到制约,而灌木/草地和林地的破碎则不利于动物的栖息和物种多样性的保护。

(2)景观异质性。

香农多样性指数和周长-面积分维数对景观中各斑块类型非均衡分布状况尤为敏感,可以指示景观的异质性。如图4-9(a)所示,1987年、1995年、2005年、2019年的香农多样性指数分别为0.568 7、1.233 8、1.186 4、1.244 9,呈现出先增大、后趋于稳定的态势,这表示从长时间序列来看河岸带景观斑块趋于离散,斑块之间更加松散、连续性被打断,不利于动物的栖息和物种多样性的维护。如图4-9(a)所示,1987—2019年景观的周长-面积分维数分别为1.518 6、1.425 7、1.365 4、1.293 1,逐年降低,说明斑块的形状复杂度降低,几何形状趋向简单,斑块越来越规则,人类对河岸带的干扰更加频繁和细化,人为活动对河岸带产生的影响越来越大。

(3)景观均匀度。

景观均匀度变化可以通过香农均匀度指数反映。景观均匀性与某一类景观的优势程度是负相关关系,景观均匀性越小,某一类景观的优势程度越高。如图4-9(a)所示,香农均匀度指数在1987年为0.410 2,处于4期中的最低水平,优势斑块为农田,景观占比为81%,说明农田的优势度在1987年处于较高水平,区域内景观面积分配不均衡,所以均匀度低。1995年香农均匀度指数为0.766 6,优势斑块依然为农田,但是景观占比下降至44.3%,其景观支配地位降低。2005年,香农均匀度指数上升至0.855 8,且在1987—1995年间增幅较大,之前占支配地位的农田景观优势度大幅降低,灌木/草地成为这一时期优势景观,景观占比为 50%。2019 年香农均匀度指数为 0.773 5,有一定降低,灌木/草地为优势斑块,景观占比 44%,农田变为劣势斑块。

综上所述,从香农均匀度指数的升高可以看出各斑块类型的分布变得均匀;而优势景观占比的降低说明景观受优势类型支配程度有所降低。由于上游河岸带初期的优势景观是农田,其优势度的降低有利于河岸带内生态的恢复;2005 年以后灌木/草地的优势度一直维持在较高水平,说明生态系统朝着恢复的方向发展。

4.5.3　河岸带中游生态子系统

4.5.3.1　河岸带中游生态子系统的生态格局

1. 生态格局调查

调查方法同前。根据河岸带中游生态子系统(简称中游岸带子系统)的纵向长度,在河岸带布设 24 个调查点,囊括了汤河水库及汤阴县城(见图 4-10)。

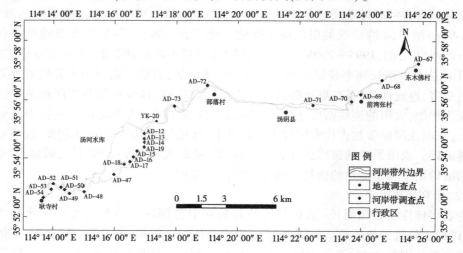

图 4-10　中游岸带子系统调查点位图

2. 生态格局分析

1) 物种组成和多样性

按物种出现的次数整理河岸带调查表得到表 4-6,分析中游岸带子系统内的物种组成和多样性。

表 4-6 所示为中游岸带子系统内 24 个调查点的植物物种出现情况。共调查到 42 种草本、3 种灌木、7 种乔木。杨树、芦苇和稗各出现 14 次,次数最多,薹草、小蓬草分别出现 13 次和 11 次;红蓼、苘麻和艾出现次数也较多,是适宜在河岸带生长的植物。灌木无论是种类还是数量都较少,仅在河岸带较高处生长酸枣和桑,汤河国家湿地公园远离河流的河岸带边缘可见杠柳。乔木中,自然生长的乔木以构树为主,出现 7 次;人工栽种的树种有杨树、垂柳、旱柳、红叶石楠等。人工修复区域物种多样性较高,出现了秋英(波斯菊)、旋覆花、地被石竹、红叶石楠等上游没有的物种且许多是兼具生态功能和观赏性的物种;未经人工修复的区域植物多样性较差,乔木物种较为单一。

表 4-6　中游岸带子系统植物调查结果

物种编号	植物类型	物种	出现次数	物种编号	植物类型	物种	出现次数	物种编号	植物类型	物种	出现次数
1	草本	芦苇	14	19	草本	苋	3	37	草本	钻叶紫菀	1
2		稗	14	20		地肤	3	38		再力花	1
3		葎草	13	21		莲子草	2	39		扁杆荆三棱	1
4		小蓬草	11	22		马唐	2	40		牵牛花	1
5		红蓼	9	23		马齿苋	2	41		蔗草	1
6		苘麻	9	24		苦苣	2	42		马蔺	1
7		艾	9	25		芦竹	2	43	灌木	桑	1
8		牛筋草	8	26		沿阶草	2	44		酸枣	1
9		狗牙根	8	27		三叶草	2	45		杠柳	1
10		狗尾草	7	28		秋英	1	46	乔木	杨树	14
11		鬼针草	7	29		知母	1	47		构树	7
12		香蒲	7	30		地被石竹	1	48		垂柳	6
13		青蒿	7	31		蒲公英	1	49		旱柳	2
14		地毯草	7	32		玉带草	1	50		臭椿	2
15		灰绿藜	6	33		双穗雀稗	1	51		红叶石楠	1
16		苍耳	5	34		地笋	1	52		刺槐	1
17		水花生	4	35		旋覆花	1				
18		披碱草	3	36		蕹菜	1				

2) 植被空间分布的分带性特征

汤河水库上游岸边生长的亲水性植物,以水花生、香蒲、芦苇、红蓼、葎草等草本植物为主,远水处生长乔木有构树、杨树、垂柳。构成了以乔草为主体的分布特征。此区域受到城镇化建设的影响较大,多处河岸带均可见人工栽种痕迹明显的杨树。调查点 AD-12 至 AD-19 位于汤河水库周边,此处湿地由于长期人工恢复,植被多样性丰富,生长状况良好。其分带现象明显,近水区域有狗牙根、地毯草等低矮的草本,接着便是 1 m 以上的芦苇、香蒲、红蓼等,有较强的观赏性。多样化的草本植物,构成了以高大草本为主体的分布格局。水库下游草本植物丰度降低,植被分布特征与水库上游趋于一致,乔木以人工种植为主,构成了乔草混生的分布格局(见图 4-11)。

4.5.3.2　中游岸带子系统的景观格局变迁

对各年份河岸带中游的遥感影像进行监督分类处理和景观格局指数分析,图 4-12、表 4-7、表 4-8、图 4-13 展示了 1987—2019 年 33 年间中游岸带子系统的景观格局变化。

图 4-11　中游岸带子系统北店村处植被分布

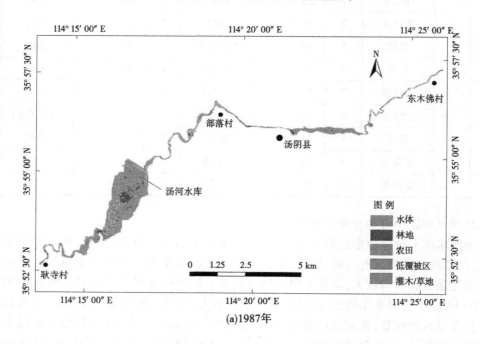

(a)1987年

图 4-12　各年份中游岸带子系统景观格局

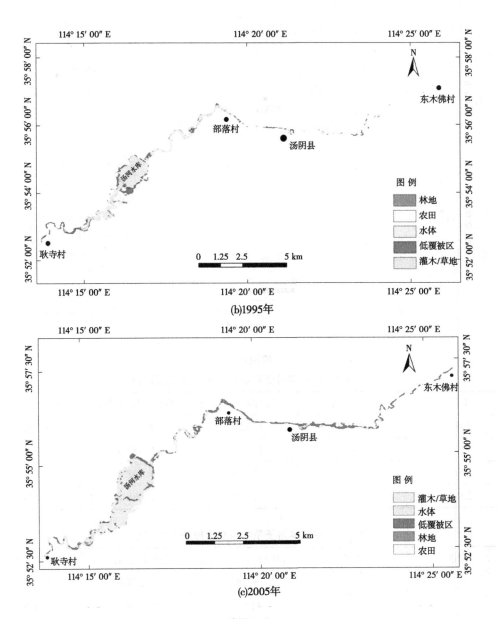

(b)1995年

(c)2005年

续图 4-12

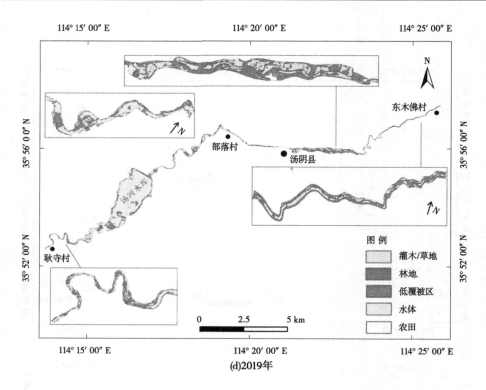

(d)2019年

续图 4-12

表 4-7　中游岸带子系统各年份景观类型指数

年份	景观面积/hm²	周长—面积分维数	香农多样性指数	香农均匀度指数
1987	580.05	1.425 5	1.190 7	0.739 8
1995	419.04	1.390 1	1.183 1	0.735 1
2005	416.88	1.379	1.328 3	0.825 3
2019	287.89	1.278	1.086 8	0.675 3

表 4-8　中游岸带子系统各年份斑块类型指数

年份	类型	斑块类型面积/hm²	景观类型比/%	斑块密度
	林地	30.42	4.277 9	3.515 7
	农田	420.03	59.068 5	6.047 1
1987	水体	131.04	18.428	1.687 6
	低覆被区	52.38	7.366 2	5.765 8
	灌木/草地	77.22	10.859 4	2.531 3

续表 4-8

年份	类型	斑块类型面积/hm²	景观类型比/%	斑块密度
1995	低覆被区	298.08	41.929 4	14.207 1
	林地	10.44	1.468 5	4.079 3
	农田	40.05	5.633 6	5.767 3
	灌木/草地	70.47	9.912 6	12.800 5
	水体	291.87	41.055 8	2.11
2005	农田	58.23	8.188 8	9.703 4
	低覆被区	147.06	20.680 9	16.172 4
	林地	13.77	1.936 5	4.078 2
	灌木/草地	197.82	27.819 3	6.468 9
	水体	294.21	41.374 5	1.687 6
2019	低覆被区	148.354 7	21.348 5	300.179 4
	灌木/草地	108.595 9	15.627 2	151.816 5
	水体	407.029 9	58.572 4	60.438 8
	农田	3.341 2	0.480 8	32.090 1
	林地	27.596 1	3.971 1	69.792 4

根据表 4-7、表 4-8 数据绘制 1987—2019 年各指数的变化曲线,如图 4-13 所示。

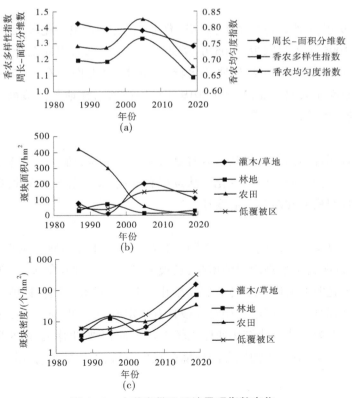

图 4-13　中游岸带子系统景观指数变化

1. 空间分布变迁

（1）1987 年的景观类型以农田为主，主要分布在汤河水库、汤阴县城至东木佛村。林地分布较为集中，在水库南岸地势平坦处呈块状分布。灌木/草地集中分布在汤河水库两侧，以及环布于林地周围。低覆被区较少，主要呈点状分布在汤河水库周边，线状分布于水库上游。此时河岸带的植物生态结构较为简单。

（2）1995 年汤河水库上游的大部分农田转变为林地和灌木/草地，汤阴县城至东木佛村的农田面积也有缩小，但水库周边农田面积增大。由于水库水域面积扩大，原先分布在水库周边的灌木/草地被淹没，灌木/草地面积大大减小，仅零星存在。林地在耿寺村附近大量增加，原先汤河水库南侧的大面积林地消失，仅剩少量斑块。少量低覆被区主要分布在水库周边。

（3）2005 年农田面积进一步缩小，主要分布在岸带边缘及汤阴县城附近的岸带北侧。灌木/草地大量分布在耿寺村至汤河水库，林地分布不均且面积较小，仅在草地边缘零星分布。低覆被区在部落村至东木佛村是占有优势地位的景观。

（4）2019 年中游岸带子系统内几乎不存在农田。灌木/草地和林地在整个系统内均有分布。汤河水库水域面积进一步扩大。水面涨落致使沿水库水域与灌木/草地中间形成一宽度极小的低植被覆盖区域。主要的低覆被区在汤阴县城内和东木佛村附近的河流两侧。

1987—2019 年，4 种景观类型中，农田、灌木/草地的面积变化较大（见表 4-8），农田的景观面积自 1995 年大量减少，2005 年后较为稳定。因为农田完全受人类控制，有以聚集状扩展或缩减的特点。灌木/草地变化较大，灌木/草地面积在 1987—1995 年稍有减少，在 1995—2005 年大幅增加，2005—2019 年有所回落。林地与低覆被区面积有所波动但整体平稳，处于此消彼长态势。

2. 时间变迁

景观的固有属性与简单的景观指数有显著的相关关系，所以可以通过分析景观指数来探究景观的内在性质随时间的变化。从景观破碎度、景观异质性和景观均匀性 3 个方面分析河岸带景观格局在时间上的变迁。

1）景观破碎度

斑块密度可以反映景观破碎度。如图 4-13（c）所示，4 种类型景观的斑块密度总体均呈现上升态势，说明无论景观面积的增减，景观的破碎化程度在增加，人类对河岸带影响的加剧使得原本脆弱的河岸带结构更加复杂化。其中，灌木/草地、林地与低覆被区增长的幅度较大，农田的斑块密度增长相对较缓且有一定波动，说明河岸带受到干扰最大的主要为植被斑块。人为修建的建筑物使原先较大块的面积被切割，随着景观密度的增加和斑块面积的不断变化，适于生物生存的环境在减少，对物种的繁殖、扩散、迁移和保护产生消极影响。

2）景观异质性

景观异质性通常用香农多样性指数和周长-面积分维数衡量。河岸带景观的香农多样性指数在 1987—1995 年保持稳定，在 1995—2005 年上升，在 2005—2019 年下降。香农多样性指数的变化反映了景观中斑块类型的多样性与空间异质性；在 2005 年以前，景观的空间异质性较高，而 2005 年之后，异质性下降。结合周长-面积分维数逐年减小的变化，说明斑块受到了人为活动的强烈干扰，景观形状的复杂性一直在降低，河岸带内景观之间的边界变得越来越简单。

3）景观均匀性

景观均匀性主要通过香农均匀度指数来反映。河岸带香农均匀度指数在 1987—1995 年保持稳定，在 0.73 左右，在 1995—2005 年上升至 0.83，在 2005—2019 年下降至 0.68，均匀度降低，优势景观支配能力增加。由表 4-8 中的景观类型占比可以看到，1987—2019 年中景观中最大的斑块分别占整个中游岸带面积的 19.643 1%、31.687 6%、36.197 9%和 50.114 4%，景观占比是景观优势度的简单度量，它反映出区域河岸带结构的丰富程度和受一种或多种景观类型的支配程度。景观均匀性与景观优势度为负相关关系，景观优势度指数越大，景观均匀性越小，景观类型的组成比例偏差越大，少数景观类型占据优势。中游岸带最大斑块与景观总面积比逐步增加，本身占优势的斑块其优势度得到进一步提升。结果说明，由于汤河水库面积的增加，对整体景观的支配能力增强。

4.5.4　河岸带下游生态子系统

4.5.4.1　河岸带下游生态子系统的生态格局

1. 生态格局调查

调查方法同 4.5.2.1。河岸带下游生态子系统（简称下游岸带子系统）起始位置为汤阴县城东侧的东木佛村附近，至内黄县元村汤河汇入卫河处。在子系统内均匀布设调查点，并在河流转弯处等特殊位置加密布设，共设置 39 个河岸带调查点（见图 4-14）。

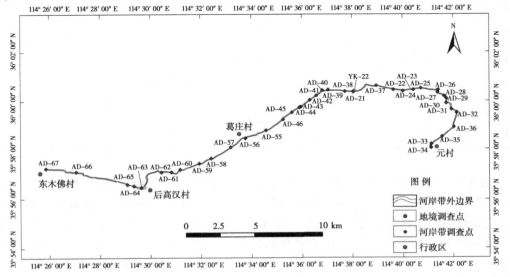

图 4-14　下游岸带子系统调查点位图

2. 生态格局分析

1) 物种组成和多样性

按物种出现的次数整理河岸带调查记录得到表4-9,分析下游岸带子系统内的物种组成和多样性。

表 4-9　下游岸带子系统植物调查结果

物种编号	植物类型	物种	出现次数	物种编号	植物类型	物种	出现次数	物种编号	植物类型	物种	出现次数
1	草本	苘麻	20	18	草本	猪毛菜	4	35	草本	金鱼藻	1
2		稗	14	19		苋	3	36		田旋花	1
3		芦苇	14	20		藜菜	3	37		益母草	1
4		莎草	13	21		长芒稗	3	38		狼尾草	1
5		艾	12	22		垂序商陆	2	39		泥花草	1
6		小蓬草	11	23		蓟	2	40		茜草	1
7		红蓼	10	24		马齿苋	2	41	乔木	杨树	15
8		披碱草	10	25		三叶草	2	42		构树	7
9		牛筋草	8	26		莲子草	2	43		垂柳	7
10		鬼针草	7	27		马唐	2	44		泡桐	4
11		香蒲	7	28		狗牙根	2	45		旱柳	2
12		青蒿	7	29		藨草	2	46		臭椿	2
13		狗尾草	7	30		蒲公英	2	47		刺槐	1
14		地毯草	7	31		钻叶紫菀	1	48		柽柳	1
15		灰绿藜	6	32		苦荬菜	1	49		榆树	1
16		苍耳	5	33		牵牛花	1				
17		水花生	5	34		沿阶草	1				

表4-9所示为下游39个调查点的植物物种出现情况。共调查到40种草本、9种乔木,无灌木。苘麻出现20次,次数最多,稗和芦苇出现14次,莎草和艾分别出现13次和12次,是较适宜在河岸带生长的植物。灌木在下游岸带子系统没有分布。乔木中,杨树出现15次,构树和垂柳出现7次,自然生长的乔木以构树为主。下游岸带子系统岸带长度较大,但乔木出现的次数和丰富度并没有大幅提升,乔木需要适宜的地形条件和较长的时间繁殖、生长,人类影响下的河岸带坡度变大,改造频繁,是影响乔木尤其是自然树种生

长的负面因素。

2) 植被空间分布

整个下游岸带子系统跨越汤阴县、安阳县、内黄县 3 县,两岸均为人口密集的村庄,人为干扰较强,植被表现出较为明显的分带性(见图 4-15)。在地势较低的近岸,生长以芦苇、水花生、狗尾草、葎草、小蓬草、稗为主的草本植物,乔木以幼龄构树为主,部分地区可见大量人工栽种的杨树。在更高地势的近陆域位置,农作物与经济作物占据了河岸带,主要种植花生、芝麻、玉米、大豆、南瓜、棉花和向日葵等。

图 4-15　下游岸带子系统典型植被分布

下游岸带子系统植物物种表现出强烈的波动性和间断性,而对生长环境需求相似的物种(如芦苇、红蓼和稗)则呈现连续的变化。其原因首先与河岸带保存物种多样性的特征有关。作为重要物种库的狭长地带,河岸带保存物种更多种类的能力远高于保存单一物种更多数量的能力,因此上下游之间物种的波动相对较大;同时受地形、水分和人类活动等因素的影响,物种分布相对不均,造成沿纵向梯度上物种多样性的波动性。其次,与受干扰相对较小的上游相比,中游和下游受干扰程度相对较高且不均匀(如部分河段与河岸带正在施行硬化建设,地表植被被完全破坏),造成景观沿纵向分布呈波动性。但受河岸带自身特征的影响,上下游不同区域河岸物种的组成仍然存在一定的连续性,草本植物这种灵活的生存机制能使其适应不同的生态条件。

4.5.4.2　下游岸带子系统的景观格局变迁

图 4-16、表 4-10、表 4-11、图 4-17 展示了 1987—2019 年 33 年间下游岸带子系统的景观格局变化。

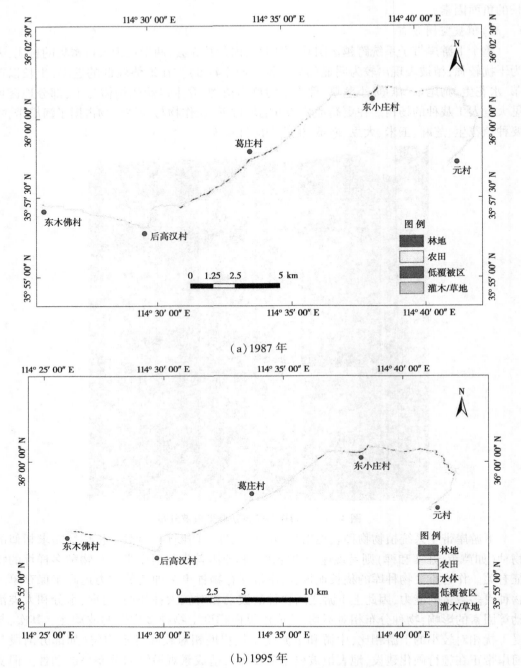

（a）1987 年

（b）1995 年

图 4-16　各年份下游岸带子系统景观格局

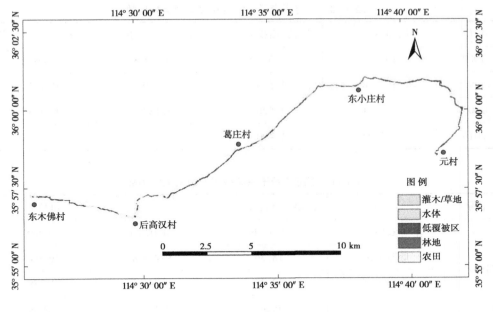

（c）2005 年

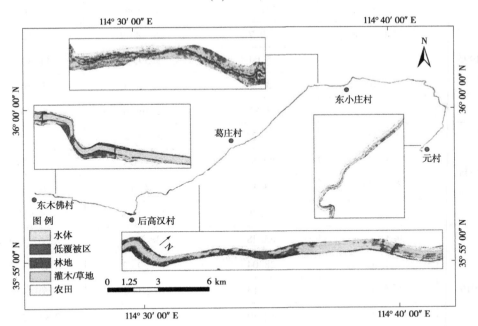

（d）2019 年

续图 4-16

表 4-10 为下游岸带子系统各年份景观类型指数，表 4-11 为下游岸带子系统各年份斑块类型指数。

表 4-10　下游岸带子系统各年份景观类型指数

年份	景观面积/hm²	周长-面积分维数	香农多样性指数	香农均匀度指数
1987	194.31	1.577 6	0.555 8	0.401 0
1995	189.90	1.540 5	0.730 2	0.453 7
2005	194.31	1.520 3	1.187 3	0.856 5
2019	142.04	1.490 6	1.511 3	0.939 0

表 4-11　下游岸带子系统各年份斑块类型指数

年份	类型	斑块类型面积/hm²	景观类型比/%	斑块密度
1987	农田	163.26	84.020 4	20.585 7
	低覆被区	18.36	9.448 8	16.983 2
	灌木/草地	12.33	6.345 5	9.778 2
	林地	0.36	0.185 3	1.029 3
1995	低覆被区	151.83	78.138	24.702 8
	灌木/草地	29.7	15.284 9	23.158 9
	林地	5.04	2.593 8	11.836 8
	农田	3.33	1.713 8	5.661 1
	水体	4.41	2.269 6	5.661 1
2005	草地	12.24	6.299 2	13.380 7
	林地	80.64	41.500 7	23.158 9
	低覆被区	73.17	37.656 3	26.761 4
	农田	28.26	14.543 8	18.527 1
2019	灌木/草地	65.48	38.046	8 167.119 8
	林地	28.04	16.293 2	4 473.120 5
	低覆被区	18.13	10.531 2	8 201.979 8
	农田	30.39	17.654 3	3 832.277 3
	水体	30.08	17.475 4	3 454.046 2

　　根据表 4-10、表 4-11 数据绘制 1987—2019 年下游岸带子系统景观指数的变化曲线（见图 4-17）。

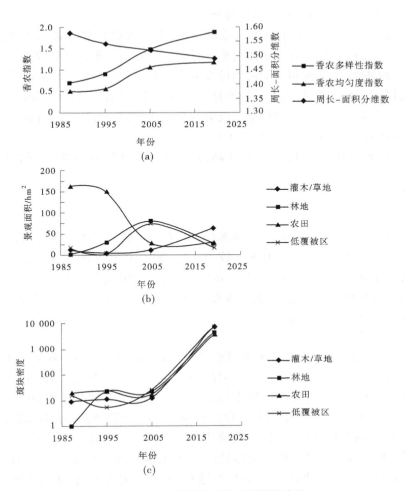

图 4-17　下游岸带子系统景观指数变化

1. 空间分布变迁

整个区域在研究时段内景观格局的变化首先体现在各个地类的构成比例和空间格局上(见图 4-16)。1987—1995 年农田在面积上有绝对优势,占整个景观面积的 20% 以上,而在之后的 20 年下降迅速,一直保持在较低的比例。灌木/草地在 1987—2005 年面积变化不大,大致保持稳定,在 2005—2019 年有较大增长。林地在 1987—2005 年面积大量增加,增长的速率在 4 种景观中最大,在 2005—2019 年有所回落。低覆被区的面积波动较大,这是由于人类的工程与农业活动对土地覆被情况的改变具有突发性和偶然性。

1987 年农田大量存在于整个系统内,灌木/草地与低覆被区相间分布在葛庄村附近年的系统中部,极少分布林地。该年系统内结构简单,以人类开垦的农田为主。

1995 年景观分布仍然以农田为基底,灌木/草地分布在东木佛村、东小庄村附近,林地主要呈点状分布在灌木/草地周边。低覆被区在系统内较少出现。

2005 年系统趋于复杂,各景观类型镶嵌分布。农田大量减少,主要存在于后高汉村附近。低覆被区增加,在东木佛村至葛庄村是主要的景观类型,在东小庄村附近也有分布。林地与灌木/草地相间分布在葛庄村至元村段。

2019年系统上、中部的东木佛村至东小庄村,主要景观类型为灌木/草地,此段内农田少量分布在河岸带外侧。在东小庄村至元村段大量农田分布在河岸带内。林地主要分布在灌木/草地外侧,在河流转弯的河岸带较宽处有大面积的分布。低覆被区主要是水体与植被之间狭窄的水位波动带,大斑块的低覆被区集中在防洪硬化的区域。第一是下游河岸带在村庄中穿过的部分受到桥梁等设施的影响,间断分布;第二是河道整治工程使河岸带大面积破坏,只有一些一年生草本生长。

总的来说,下游河岸带的连续程度不高,在满足防洪功能的同时,满足健康河岸带生态功能的能力需要进一步加强。

2. 时间变迁

1) 景观破碎度

用斑块密度来衡量景观破碎度。灌木/草地、农田和低覆被区斑块密度的变化具有一致性,如图4-17(c)所示,1987—2005年较为平稳,2019年密度增长较快,相比于上游和中游斑块密度和斑块数较大,反映的是一定面积上的景观破碎度更高。总的来说,在人类活动影响剧烈的下游河岸带地区,修建的水利设施和农业种植,对景观的分割影响较大,景观破碎度在3个系统中最高。

2) 景观异质性

用香农多样性指数和周长-面积分维数指示景观的异质性。在1987—2019年期间下游河岸带景观类型没有发生改变,香农多样性指数逐年上升[见图4-17(a)],从1987年的0.4上升至2019年的1.5,河岸带景观的多样性增加,分布状况较不均衡,并且处于加剧的状态。1987年下游河岸带周长-面积分维数为1.577 6,后逐年降低,2019年为1.490 6。周长-面积分维数的降低表明斑块形状越来越有规律,复杂性降低,自相似性强。人类干扰所形成的斑块一般几何形状较为规则,易于出现相似的斑块形状,故斑块的几何形状越趋近于简单,表明受干扰的程度越大。降低的比率相近,表明不同年份时段内人类活动对河岸带4种景观类型施加的影响较为均匀。

3) 景观均匀度

1987年和1995年香农均匀度指数分别为0.401 0和0.453 7[见图4-17(a)],均匀程度都处于较低水平,景观占比分别为29.365 4%和13.517 7%,可以看到作为优势斑块的农田的景观优势度高,其斑块在景观中占绝对的支配地位,景观类型的组成比例偏差大。不同土地覆被类型下河岸带植物群落结构受到的干扰强度和频度不同,相对于其他类型,农业土地的干扰强度和频度较大,所以较高的农田优势度不利于河岸带生态健康。下游河岸带距村庄近,又有着良好的土壤肥力,利用河岸带作为耕地的补充是这一时期的特征。1995—2019年,香农均匀度指数从0.453 7升至0.939 0且在1995—2005年间增幅较大[见图4-17(a)],之前占支配地位的农田景观优势度降低,灌木/草地成为这一时期的优势景观,景观占比分别为4.817%和4.324 4%,大幅降低,表明景观受优势类型支配程度降低。

4.5.5　生态景观格局变迁驱动力分析

影响生态景观变迁的因素有自然和人类活动两方面。自然因素有河流水量、地形坡度等,人类活动包括土地开垦、修复措施等。

河岸带景观受到河水流量、水库水位波动影响。水位上升,会淹没岸边的植被,近水的中生植物也会因为水分过量而死亡;水位下降,新出露土地会呈现暂时无植被覆盖的状态。水量的大小还影响植被的长势。在河水流量极小的河岸带,如后营村南侧,河岸带植被以矮小草本为主,且生长情况较为一般。在水量较大的故县村明德小学及汤河国家湿地公园,植被多样性及长势都较为优越。

地形坡度是影响径流和泥沙产生的最重要因素,坡度越陡,汇流时间越短,径流能量越大,对坡面的冲刷就越剧烈,侵蚀量越大。所以,在下游坡度大的筑堤地区岸带地形陡峭,容易发生水分和养分流失,不利于植物生长,植被覆盖情况较差。在地形平缓的地区河岸带往往较宽,有足够的空间和环境资源,不同植物能够多方面地利用环境条件,利于植物生长繁殖。

城市化加剧是研究区土地覆被类型变化的重要因素。县城附近人口增长、城乡建设用地的增加直接挤压植被的生存环境。城镇亲河走廊和道路、桥梁的建设及水利工程施工,在部分河段两侧出现暂时性的低覆被区。这是人类活动对河岸带生态产生的负面影响。人类活动直接影响景观的破碎程度。例如:上游岸带修建的道路、沟渠、硬质化河道相对较少,所以在人类活动的负面影响相对较小较弱的上游岸带地区,景观的分割影响较小,景观破碎程度较低。在整个河岸带内,随着人类活动的加强,原来较大的草地、林地景观斑块被改造为许多较小的斑块;同时随着道路与引水排水渠的修建、农作物的种植,将原来较大斑块的景观分割为许多大小不同的小斑块,增加了景观破碎度。近年来由于环境保护意识增加,退耕还草、退耕还林,农田面积缩小,出现了农田中镶嵌林地、草地等景观类型,也进一步使景观破碎化加剧。

河岸带草地与林地面积的大幅增加,河岸带得到了一定的人工干预。尤其是 2017 年以来由于国家南太行地区造林工程和造林补贴项目,汤阴县大量建设防护林带,道路及河流防护林带每侧至少栽植乔木 2 行以上,造林补贴 1 000 余亩,积极地退耕还林、退耕还草,是有利于生态恢复的一个因素。

4.6　河岸带生态系统的结构与功能及其变化

4.6.1　河岸带生态系统的结构特征

系统内部各要素相互联系和作用的方式或秩序称为系统的结构。系统的结构是系统保持整体性及具有一定功能的内在依据,研究系统的结构,是为了认识系统之所以能够对外界发生作用的内在依据。

汤河河岸带是典型的生态过渡带,具有明显的边缘效应,是陆地生态系统和水体生态系统的交错区。从较大的时空尺度考虑,作为汤河流域生态系统中护岸、景观、水质保护、维持生物多样性的重要载体和有机组成部分,汤河河岸带生态系统是汤河流域生态系统的重要子系统之一,它与陆地生态系统、水体生态系统之间均存在着相互联系、相互作用,因此,汤河河岸带生态系统是一个复杂、开放、动态的非线性系统。近年来,人类活动对河岸带生态系统的改造及破坏程度也日益加重,只有充分认识汤河河岸带生态系统的结构及其变迁特征才能对河岸带的本质有更深入全面的认识,以期为河岸带的保护与建设提供依据,加快汤河水环境水生态恢复的进程。

汤河河岸带生态系统的结构主要包括河岸带生态系统的植被类型、植种长势、植被分带特征等。植被是河岸带生态系统的核心,对于维持河岸带生态系统的功能有重要的作用。因此,对河岸带生态系统结构的研究以植物为主,是前文宏观研究的补充。本节以河岸带的地形地貌为基础,着眼于植物分带特征,分析各个子系统的内部结构,从微观–中观上反映汤河河岸带生态系统的结构特征及变化。

4.6.1.1　上游岸带子系统结构特征

基于河岸带的形态调查,根据其地表状况、植物类型、植被长势的调查结果,结合河岸带宽度及坡度、土地覆被方式、植物分带特点及优势种研究河岸带生态系统的结构特征及变化。

1. 河岸带形态

上游岸带子系统位于研究区西部的鹤壁市山城区,土壤岩性为第四系亚黏土。河岸带的宽度和坡度调查(见表4-1)是研究结构的基础,坡度对于河岸带生态系统结构的稳定及功能的发挥具有重要意义。根据调查结果,河岸带坡度较陡,局部可达30°。河岸带局部区域受到一定程度的人为扰动,整体坡度适宜,为植物物种提供了完成其生命循环所需的基础条件。河岸带宽度变化较大(见图4-18,人工护坡处的河岸带宽度记为0),直接影响植被的分带结构。河岸带形态有着总体较为曲折、坡度适宜和宽度变化大的特点。

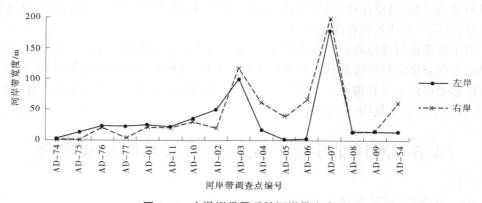

图 4-18　上游岸带子系统河岸带宽度

2. 植物的分带结构

上游岸带子系统植被覆盖度较高,植物长势良好(见图4-19),从河岸带边缘陆地到距离河岸较近的水分环境呈现出一定梯度性连续变化,植被呈现出相应的分带特征。汤河上游流经山城区,人口密度大,在河道整治的影响下,河岸带宽度表现出一定差异。从东头村东侧至元泉村河道干涸,上游岸带子系统植被分带特征比较明显的地方主要集中在陈家湾村至故县村以东的区域。陈家湾村至故县村左岸岸带宽度较大,由于城市规划考虑到景观性、生态性等多方面因素,左岸岸带植被分带特征较明显。而在故县村以东,右岸岸带宽度整体大于左岸,且受到的负面干扰也小于左岸,该区域右岸的结构特征变化较显著。结合河岸带边缘结构特征和植被分带特点对上游岸带子系统进行划分(见表4-12),可以将上游岸带子系统划分为滨水植被带、过渡植被带、边缘植被带(见图4-20)。

(a)　　　　　　　　　(b)

图 4-19　上游岸带子系统河岸带植被调查工作照

表 4-12　上游岸带子系统的分带特征

植被分带	特征
滨水植被带	以水生植物为主,主要有芦苇、水花生
过渡植被带	以陆生植物(草本)为主,主要有䅟草、地毯草
边缘植被带	以乔草结合为主,主要有构树、狗尾草、马唐、披碱草

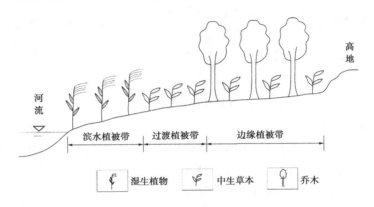

图 4-20　上游岸带子系统的分带特征示意图

河流边缘以湿生植物群落为主,构成滨水植被带,其外边界距离河岸 3~5 m,以水生植物为主,优势种为芦苇。根据调查,芦苇高度 1.3~2.1 m,分布广泛;部分区域有大量人工种植的香蒲,受到较好的养护管理。芦苇易于形成单优群落,因此该带内的物种丰富度低。过渡植被带外侧边界距离河岸 5~15 m,以中生草本植物为主,优势种为葎草,其性强健,抗逆性强,可用作水土保持植物,起到很好的涵养水土、护岸的作用。狗牙根、狗尾草、鬼针草出现频度亦较高,生长茂盛。

边缘植被带植被类型以乔木、草本为主。乔木优势种为构树,其根系浅,侧根分布很广,生长快,萌芽力和分蘖力强,具有速生、适应性强、分布广、易繁殖的特点。根据调查,构树长势良好,基径 1~2 cm,高度多在 90~200 cm,在生长好的地段最高达 7 m,基径约 20 cm。草本优势种为狗尾草,高度均在 50 cm 以下,多分布于岸带边缘处。林下生长狗尾草、披碱草等大量草本植物。自然生长的构树大多较为矮小,说明其生长受到限制。人工的修复和防护措施能够在较短的时间内改善植被覆盖情况,但是会与自然生长的同类型植物争夺资源,限制其生长,且种植品种单一不利于对生物多样性的保存。

上游岸带子系统在人为因素作用下,部分岸带出现人工修整平台、陡坎,但从横向上看,植被表现出一定由湿(水)生植物到中生植物的过渡变化特征。

4.6.1.2　中游岸带子系统结构特征

1. 河岸带形态

中游岸带子系统与上游岸带子系统以耿寺村附近为区分,包括整个汤河水库库岸并经过汤阴县城。土壤岩性为第四系亚黏土。如表 4-1 所示,坡度多在 10°左右,局部区域坡度较大,均与河岸带附近村庄强烈的人类改造活动有关。子系统岸带宽度变化大,两岸宽度较为一致,在汤河水库周边及人工修复区域宽度较大,村庄附近宽度较小。总体上,岸带形态较为曲折,坡度适宜,存在一定宽度,有利于岸带生态系统结构的稳定(见图 4-21)。

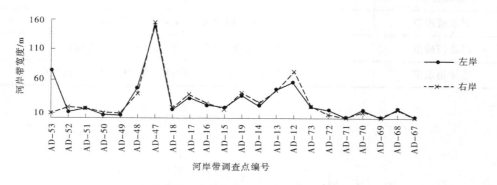

图 4-21　中游岸带子系统河岸带宽度

2. 植物的分带结构

在中游岸带子系统的西部,与上游的窄河道不同,水面逐渐开阔,经过多个支流及地下水的补充,河水流量较大,给河岸带植被提供了充足的水分。子系统内植被物种总体而言更加丰富,植物生长出现了较为明显的分带。

因位于或靠近城镇,河岸带绿化要求较高(见图 4-22)。植物种类分布有一定差别,但整体上均表现出靠近河岸的位置多为自然生长的草本,如红蓼、马唐,距离河岸较远处多为人工种植的高大植被,有大量人工种植的芦苇+香蒲混合带,对污染物起到很好的拦截作用。从岸带植被是否为人工种植的角度考虑,在横向上将其划分为自然植被带、人工植被带(见表4-13)。汤河湿地以具有特殊生态、文化、美学和生物多样性价值的湿地景观为主体,在中游岸带子系统中占有极其重要的地位,以其为代表的岸带植被分带特征尤为显著。

(a)   (b)

图 4-22 中游岸带子系统河岸带调查

表 4-13 中游岸带子系统的分带特征

植被分带	特征
自然植被带	以红蓼、狗牙根、牛筋草、马唐为主
人工植被带	以香蒲、芦苇、稗为主

如图4-23所示,自然植被带与人工植被带的边界距离河岸2 m左右,以天然生长的草本为主,优势种为红蓼、狗牙根。红蓼片状分布,高度多在80 cm以内,长势良好;狗牙根高度多在10 cm以下,根茎蔓延力很强,为良好的固堤保土植物,在河岸边密度较大。人工植被带以人工种植的植被为主,草本优势种为芦苇、香蒲、稗,乔木优势种为杨树。芦苇和香蒲高1~5 m不等,密度较大,稗高1~2 m,生长茂盛。杨树普遍分布在河岸带边缘处,基径约25 cm,高度约30 m。人工子系统中也零星分布有苘麻、葎草、青蒿、构树等自然生长的植被,由于受到较好的养护管理,普遍长势良好。

综上所述,中游岸带子系统多为景观适宜性的区域,植被分带受到较多的人为干扰,横向上总体表现出从自然生长的植被向人工种植为主、间杂自然生长植被的变化特征。

4.6.1.3 下游岸带子系统结构特征

1.河岸带形态

下游岸带子系统与中游岸带子系统以汤阴县城为区分,县城以东的下游区域处于平原。河道较上、中游平直,河道两侧为防洪大堤,河岸带为人工护坡,因此宽度较为一致,坡度较大,坡度变化较小(见表4-14)。总体上,河岸带坡度较大、宽度偏小(见图4-24),给下游岸带子系统增加了不稳定性。

图 4-23　中游岸带子系统的分带特征示意图

表 4-14　下游岸带子系统的植被分带特征

植被分带	特征
自然植被带	主要为苘麻、芦苇、稗、葎草等草本,乔木有杨树、构树
农田植被带	主要种植花生、芝麻、玉米、大豆等作物

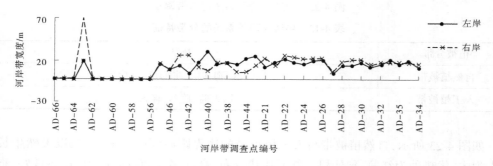

图 4-24　下游岸带子系统河岸带宽度

2. 植物的分带结构

下游岸带子系统范围较广,区域长度较大,植被生长情况具有显著差异,南周流村、菜园镇官司村到石辛庄村河道干涸,在汤河与永通河汇流处,河道两侧出现植被大面积死亡现象,如图 4-25(a)所示。

根据野外调查的植被生长情况差异,将该子系统分成两段阐述。第一段为河岸村至葛庄村的岸带区域,如图 4-25(b)所示,河道两侧为人工修整边坡,植被覆盖度极低,且岸带土地覆被方式基本为农田,植被类型主要是农作物,故不对该段进行结构研究。第二段为葛庄村以东的下游区域,岸带宽度变化不大,植被覆盖度较高,植物分带特征相对明显。根据地貌特征、土地覆被方式、人为活动强度等因素从横向上划分为自然植被带、农田植被带。以下对下游岸带子系统的结构分析主要针对葛庄村以东的下游区域。该子系统农田占有一定的比例,且分布位置具有一定规律,故分析时将其考虑在内,以更全面、真实地展现下游岸带子系统的结构特征及变化。

（a）　　　　　　　　　　　　　　　　　　　（b）

图 4-25　下游岸带子系统河岸带调查实拍图

下游岸带子系统两岸均为人口密集的村庄,人为干扰较强,受此影响形成自然植被带和农田植被带(见图 4-26)。自然植被带分布在河岸边缘,以草本植物为主,苘麻、芦苇、稗、葎草出现频度最高,艾、小蓬草、红蓼、披碱草也分布广泛,且密度大、生长状况良好;乔木较少分布,主要为杨树、构树、榆树等乔木及其幼株。农作物带地势稍高,主要种植花生、芝麻、玉米、大豆、南瓜、棉花和向日葵等农作物和经济作物,零星分布杂草。

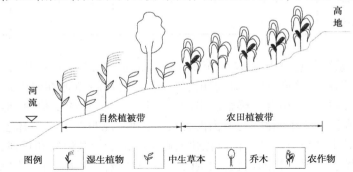

图 4-26　下游岸带子系统的分带特征示意图

人类对河岸带改造频繁、坡度变大,是影响乔木,尤其是自然树种生长的负面因素;但受河岸带自身特征的影响,不同区域物种组成仍然存在一定的连续性。狗尾草、苍耳等人类伴生植物和农田杂草,也以较高的频率出现在河岸带草本群落中,表明河岸带的生态环境脆弱,在物种组成上极易受到人类活动干扰。

4.6.2　河岸带生态系统结构变迁及特征

由于汤河河岸带生态系统是自然与人为耦合作用下的典型开放系统,而土地覆被方式是人类活动与自然环境相互作用最直接的表现形式,土地覆被方式变化的空间格局表征了该时段人-地关系在不同地域空间上的作用强度与作用模式。由于不同的土地覆被类型有着不同的生态系统结构,将不同年份上、中、下游岸带子系统的土地覆被方式进行对比,能够体现汤河河岸带生态系统的综合状况,从一定程度上反映人为因素主导下的汤河河岸带生态系统的结构变迁,具有可操作性、对比性和统一性。

信息熵可以用来反映土地覆被结构动态变化程度,其数值大小能够反映出各种土地覆被结构的均匀程度和有序程度。熵值越高,表明不同的土地覆被方式间面积相差越小,土地分布越均衡,则河岸带生态系统的结构越合理。计算公式如下:

$$H = -\sum_{i=1}^{n} P_i \ln P_i \qquad (4-5)$$

式中　H——土地覆被结构信息熵;

　　　P_i——第 i 种土地覆被方式的面积占区域总面积的百分比。

以下主要通过信息熵值的大小对比上、中、下游岸带子系统之间土地覆被结构的均匀程度,以此体现河岸带生态系统空间结构变迁及特征。

4.6.2.1　河岸带生态系统的结构动态

根据前文对不同年份河岸带上、中、下游岸带子系统中覆被类型面积占比的统计,通过式(4-5)计算得到不同子系统土地覆被结构信息熵(见表 4-15),从宏观上反映河岸带子系统的结构动态特征。

表 4-15　1987—2019 年不同子系统土地覆被结构信息熵

子系统	1987 年	1995 年	2005 年	2019 年
上游岸带子系统	0.57	1.58	1.19	1.13
中游岸带子系统	0.87	0.86	1.11	0.99
下游岸带子系统	0.56	0.64	1.19	1.27

上游岸带子系统信息熵由 0.57 增至 1.13,增幅达 98.25%,反映出在 1987—2019 年土地分布方式逐渐趋于均衡,即林地、农田、低覆被区、灌木/草地在河岸带范围内所占的面积比例差异逐渐减小。结合遥感解译出的各覆被类型面积的变化,林地、灌木/草地的占比逐渐增加,农田占比不断减小,但仍占有较高比例,说明在退耕还林还草顺利开展的背景下,上游岸带子系统河岸带结构有优化的趋势。由于植被恢复和重建,土壤肥分不断富集,改变了土壤表层覆盖物的性状,大量的草本和枯枝落叶减少了土壤肥分的流失,增强土壤的滞水纳墒能力,进而形成较好的土壤水肥条件。

中游岸带子系统信息熵由 0.87 增至 0.99,增幅为 13.79%,远小于上游岸带子系统,说明在 1987—2019 年时间段内,中游岸带子系统土地分布方式朝着均衡的方向发展,但变化幅度较小。结合表 4-7 中各覆被类型面积比例,中游岸带子系统由农田占有较高比例转变为低覆被区占比最高,这应与道路、桥梁、水库建设、河道整治及休闲娱乐场所的打造密切相关。在城镇化的快速发展下,河岸带生态系统原有的结构已经基本消失,其结构表现出强烈的人类意愿。

下游岸带子系统信息熵由 0.56 增至 1.27,增幅为 126.79%,相较于上游、中游子系统较高,体现出 1987—2019 年下游岸带子系统土地分布方式趋于均衡,林地、农田、低覆被区、灌木/草地在河岸带范围内所占的面积比例逐渐接近。结合表 4-10 中各覆被类型面积变化,下游岸带子系统由农田占比最高转变为低覆被区占比最高,进而变为林地、灌木/草本占主体,说明下游岸带子系统农田侵占河岸带的现象得到改善。但是 2020

年野外调查发现,下游岸带子系统仍有大面积农田,乔木植被类型较单一,且在河道整治及河岸护坡等工程的影响下,河岸带生态系统的结构随着人类意愿不断变化。

综合上、中、下游岸带子系统的情况,河岸带生态系统受到极大的人为改造,从1987—2019年,根据遥感解译结果,河岸带的结构整体上不断优化,朝着良性态势发展。河岸带生态系统的结构自然特征较少,季节性农作物占据比例过高,表现出较强的人类意愿。在大力提倡生态文明建设的今天,河岸带生态系统结构的自然恢复应是不容忽视的。

4.6.2.2　河岸带生态系统的结构变化强度

河岸带生态系统的结构变化强度主要通过某一区域各种土地覆被类型面积变化的程度来体现,它能够很好地反映出人们对土地资源开发和利用的强弱变化情况,对分析研究区时间结构变化的整体趋势也十分有利。土地覆被变化幅度的计算公式为:

$$\Delta S = \frac{S_b - S_a}{S_a} \times 100\% \tag{4-6}$$

式中　ΔS——某时段内研究区土地覆被的变化幅度;

　　　S_a——研究初期研究区某种土地覆被方式的面积,hm^2;

　　　S_b——研究末期研究区某种土地覆被方式的面积,hm^2。

计算结果如表4-16所示。

表 4-16　汤河河岸带生态系统土地覆被变化幅度

土地覆被方式	1987—1995年变化面积/hm^2	1987—1995年变化幅度/%	1995—2005年变化面积/hm^2	1995—2005年变化幅度/%	2005—2019年变化面积/hm^2	2005—2019年变化幅度/%
低覆被区	-30.6	-0.39	185.4	0.39	-53.60	-0.23
农田	-152.1	-0.24	-379.35	-3.31	-55.73	-0.62
林地	82.8	2.61	-13.23	-0.61	-36.26	-0.36
灌木/草地	-68.22	-0.76	212.13	0.34	-40.11	-0.17

基于土地覆被变化幅度的研究(见表4-16、表4-17),汤河河岸带生态系统的结构变化特征如下:

表 4-17　1987—2019 年河岸带面积统计

年份	1987年	1995年	2005年	2019年
河岸带面积/hm^2	821.61	653.49	658.44	472.75

(1)1987—1995年,河岸带面积整体缩减,与河道整治、汤河水位升高有关。低覆被区、农田、灌木/草地面积变化幅度减少,林地的面积变化幅度增加,增幅为2.61%,灌木/草地减幅最大,为0.76%,反映出这8年间政府响应国家政策,植树造林力度加大,但是人为因素对生态系统的干扰,对当地的土地覆被结构产生一定的影响,灌木/草地面积占比有一定的缩减可能与此有关。

(2)1995—2005年,低覆被区面积和灌木/草地面积占比小幅增加,林地面积小幅减少,农田面积大幅减少,减幅达到 3.31%,反映出这 10 年,在退耕还林还草政策的号召下,植被覆盖度增加。低覆被区面积的增加可能与农作物的轮作间歇以及城镇化的不断推进有关。总体上,河岸带生态系统的结构在不断改善。

(3)2005—2019 年,河岸带面积整体缩减,其中农田减幅最大,为 0.62%。具体原因可能有以下两个方面:①由于河道整治的影响,汤河水位升高,导致河岸带面积减少;②随着社会经济的发展,城镇化水平不断提高,各种工程建设活动频繁出现,人类对河岸带不断侵占,河岸带的结构功能发生变化。

(4)1987—2019 年,河岸带面积减小 348.86 hm²,反映出河道整治影响下河岸带逐渐缩减,根据土地覆被方式面积占比的变化,说明河岸带在人类活动的影响下,结构不断变化。虽然河岸带生态系统结构朝着良性态势发展,但结合 2020 年 7 月野外调查结果,河岸带的植物群落结构仍有待完善,农田侵占现象在下游岸带子系统仍然较为普遍,河岸带生态系统的结构仍需不断优化。

4.6.2.3　河岸带生态系统的结构变化趋势

土地覆被方式动态度用来反映在一定时期内,研究区土地覆被方式的动态变化速度,能够用来比较土地覆被方式变化的区域差异,以此揭示河岸带时间结构变化特征并预测变化的趋势。其计算公式为:

$$K = \frac{S_b - S_a}{S_a} \times \frac{1}{T} \times 100\% \tag{4-7}$$

式中　K——研究时段内研究区土地覆被方式的动态度;

　　　S_a、S_b——研究区初期与末期某种土地覆被方式类型的面积,hm²;

　　　T——研究时段的数值。

计算结果如表 4-18 所示。

表 4-18　汤河河岸带生态系统土地覆被的动态度　　　　　%

土地覆被方式	1987—1995 年	1995—2005 年	2005—2019 年
低覆被区	-0.05	0.04	-0.02
农田	-0.03	-0.33	-0.04
林地	0.33	-0.06	-0.03
灌木/草地	-0.09	0.03	-0.01

从上表可以得出如下结论:

(1)低覆被区主要为建设用地,故动态度较小。农田呈现出面积不断减少的态势,1995—2005 年动态度最大,主要与退耕还林政策的实施、农业结构的调整、相关自然灾害的影响有关。从生态的角度出发,农田面积的减少有助于岸带结构的恢复,有利于河岸带生态功能的发挥,对河岸带生态系统有积极的影响。

(2)林地面积在 1987—1995 年动态度最大,灌木/草地面积的动态度在 1987—1995 年、2005—2019 年为负值,在 1995—2005 年为正值。综合来看,灌木/草地面积仍是增加的,主要与植树造林力度不断增大有关。虽然 1995—2019 年林地动态度为负值,但是林地面积整体来说仍是增加的,根据 2020 年 7 月野外调查,河岸带范围内的乔木主要分布于边缘处,且多为人工种植,植种类型单一(杨树为主),植物群落层次性较差。

(3)河岸带低覆被区面积不断波动,农田面积持续减小,林地、灌木/草地面积呈现出先增加后减小的趋势。从 1987—2019 年的结构特征可以看出,河岸带生态系统的结构变迁体现出强烈的人类意志,在加强南太行山水林湖田草生态保护的背景下,其结构变迁趋势宏观上是逐步变好的,河岸带生态系统的功能多样性也在逐步恢复。但由于水利工程、农业活动及工程建筑等的影响,河岸带生态系统的结构仍然存在植物群落结构不完善、农田侵占河岸带、河道渠道化严重等问题,生态系统的结构仍需不断调整。

4.6.3　河岸带生态系统的功能及其变化

4.6.3.1　护岸功能

河岸侵蚀与多个因素有关,其中河岸带植被覆盖度和根系密度对河岸侵蚀的防护作用最为明显。由于不同子系统的结构不同,故进行分段阐述。

1. 上游岸带子系统植被的护岸功能

1)上游植被覆盖对护岸功能的影响

上游河岸带横向上划分为滨水植被带、过渡植被带、边缘植被带,主要植物分布情况见表 4-1。滨水植被带以湿生植物为主,主要植被有芦苇、水花生,植被生长情况良好。过渡植被带以草本植物为主,主要植被有马唐、披碱草,生长情况良好。边缘植被带以乔、灌、草分布为主,主要植被有柏树、槐树、地毯草,生长情况良好。

上游河岸带滨水植被带与过渡植被带主要植物以草本为主。草本植物根系主要为细根,根系扎根于土壤表面,对固持土壤起到很大的作用,其茎叶对降雨起到较强的截留作用。削弱了降雨对土壤的溅蚀,并延缓了产流过程,降低了坡面径流的流速,减小了径流对土壤的坡面侵蚀。边缘植被带主要植物以乔木为主,加之河岸带边缘坡度大,其对河岸带土壤的固持作用较弱。马志勇等把植被覆盖度分为高、中高、中、低 4 种覆盖类型,具体划分标准见表 4-19。

表 4-19　植被覆盖度划分标准

植被覆盖等级	植被覆盖度范围
高植被覆盖度	>75%
中高植被覆盖度	60%~75%
中植被覆盖度	45%~60%
低植被覆盖度	<45%

遥感解译汤河上游植被覆盖情况(见图 4-27),计算上游岸带子系统植被覆盖的平均值、标准偏差、最小值和最大值(见表 4-20)。表 4-20 中植被覆盖度最小值为 0,植被覆盖最大值为 1。上游河岸带植被覆盖度平均值为 73%,植被覆盖度平均值反映植被覆盖度的高低,平均值越大,植被覆盖度越高,汤河上游河岸带的植被覆盖度较高,上游植被覆盖情况较好。标准偏差反映植物覆盖程度的差异性,标准偏差越小表示植被覆盖越均匀,上游河岸带标准偏差为 0.24,植被覆盖除个别点外整体比较均匀。植被覆盖分布如图 4-27

所示,图中颜色浅灰色表示高植被覆盖,深灰色表示低植被覆盖。故县村、北柳涧附近植被覆盖情况较好,植被的茎、枝、叶能够对降雨起到较好的截留作用。耿寺村、后营村附近植被覆盖情况较差,植被的茎、枝、叶对降雨的截留作用较差,对减弱降雨冲击力作用一般。

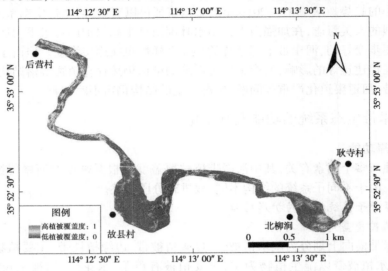

图 4-27　2019 年汤河上游植被覆盖空间分布图

表 4-20　上游河岸带植被覆盖度统计结果

最小值/%	最大值/%	平均值/%	标准偏差
0	100	73	0.24

　　植被覆盖度在一定程度上反映出植被茎、枝、叶的相对生长情况。河岸带植被的茎、枝、叶可以截留降水,减缓地表径流,减弱降雨的冲击力,从而减少侵蚀。植被覆盖较好的河岸带的土壤抗剪切强度、紧实度均要高于裸地,存在植被缓冲带的河岸稳定性明显高于缺少植被生长的河岸。

　　2) 上游植被根系对护岸功能的影响

　　河岸带植物根系可以提高河岸的稳定性。河岸侵蚀与水土流失是一个复杂的现象,受水流、泥沙和河岸性质等多种因素的影响。河岸带植被有助于稳固河岸和减少侵蚀,植物根系将河岸土壤紧密结合起来,茎干通过自身对水浪、冰块和暴雨径流的抵制来保护河岸。Zierholz 在研究了沼泽湿地对河流和流域泥沙输移后指出:沼泽植被通过覆盖河谷和河床来保护河岸,降低了河床中水流速度,防止了水流侵蚀,促进了泥沙沉积。

　　植物根群能够增加土壤黏聚力、增加降雨的垂向入渗,从而起到提升土壤抗蚀能力的作用。而根群的固土能力及增加垂向入渗的能力与根群的分布情况密切相关,根群分布越密集,则土壤抗蚀能力、抗冲能力越强。植物根群特征的调查主要通过植物地境调查来实现。

　　本章研究进行了纵剖面的植物根系调查。为了调查植物根群特征,开挖样坑,样坑规模的平面面积为 1 m×1 m,标准深度为 1.0 m,但部分地点岸边地下水位较浅,开挖深度为 0.5 m。开挖后,按照 10 cm 等间距进行挂网,按粗根(根茎>10 mm),中根(根茎为 2~10 mm)和细根(根茎<2 mm)三级划分。分别记录各网格出现的数目(死根不予统计),

汤河河岸带细根累计频率分布图见本书中河岸带草本植物地境稳定层的确定部分,细根频率如表 4-21 所示。

表 4-21　上游河岸带细根频率统计

样坑	细根频率/%
YK-07	94.19
YK-08	97.85
YK-10	95.91

吴彦等通过研究调查发现,植物根系能够提高土壤的抗侵蚀能力,并且主要通过 $d \leqslant 1$ mm 的须根发挥作用。其机制是:活根提供分泌物,死根提供有机质,作为土壤团粒的胶结剂,配合须根的穿插挤压和缠绕,使土壤中直径 $d > 7$ mm、$d = 5 \sim 7$ mm 和 $d = 3 \sim 5$ mm,3 个大粒级水稳性团聚体数量增加,既增加了土壤的总孔隙度,又提高了土壤抗冲击分散的能力和结构、空隙的稳定性,从而提高了土壤饱和渗透系数。土壤抗蚀性是反映土壤结构稳定性的一个重要指标,而植物根系与土体的有机结合可以充分增强土壤的抗蚀性。植物根系与土体的结合提高土壤抗蚀性可以分为两个层面:一是形成根-土复合体,增加土体结构的抗剪切和抗摩擦能力,使土体结构更加稳固;二是植物根系分解产生有机质,可以增加土壤中的腐殖质含量,增加土壤的黏性和水稳性,增强土壤抗蚀性。

各土壤抗侵蚀指标仅与 $d \leqslant 1$ mm 的须根之间呈显著或极显著的相关关系,而与其余各径级根采参数之间相关性不明显。说明植物根系对土壤抗侵蚀性的影响,主要是通过 $d \leqslant 1$ mm 的须根发挥作用的。由表 4-21 可以看出,上游河岸带细根频率均在 95% 以上,大部分细根 $d \leqslant 1$ mm,并且主要分布在近地表土层。植物 $d \leqslant 1$ mm 的须根对土壤的穿插、挤压和不断死亡分解所产生的有机质累积,促使土壤中大粒级承稳性团聚体数量增加,团粒结构状况得以改善;同时,也改善了土壤的渗透性能,使土壤既增加了抗冲击分散能力,又减少了地表径流,从而达到提高土壤抗侵蚀能力的目的。

2. 上游河岸带植被护岸功能变迁

通过对汤河 1987 年、1995 年、2005 年、2019 年遥感解译图进行分析,土地覆被方式的变迁情况见图 4-28。

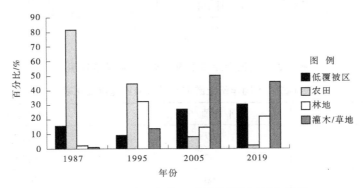

图 4-28　上游河岸带土地覆被类型时间变迁图

　　由图 4-28 知 1987 年汤河上游河岸带主要以农田为主,农田面积占比约 82%,林地、灌木/草地面积较少,面积占比约 3%,低覆被区面积占比约 15%。1995 年上游河岸带主要以农田和林地为主,农田面积占比约 45%,林地面积占比约 30%,灌木/草地面积占比约 14%,低覆被区面积占比约 11%。2005 年上游河岸带主要以灌木/草地和林地为主,面积占比约 65%,低覆被区和农田面积占比约 35%。2019 年上游河岸带主要以林地、灌木/草地为主,面积占比约 67%,低覆被区和农田面积占比约 33%。综上所述,1987—2019 年,林地、灌木/草地面积呈增大趋势,农田的面积呈逐渐减小趋势,低覆被区面积占比呈增大的趋势。低覆被区面积增大是因为 2019 年遥感图是在农田收割之后,所以低覆被区占比面积比较大。总体来说,上游河岸带林地、灌木/草地面积随时间不断增大,上游河岸带植被的根系分布面积相应增大,对河岸带的固土作用加强。

　　对汤河上游河岸带 1987 年、1995 年、2005 年、2019 年遥感图进行植被覆盖情况统计,得到上游岸带平均值及标准偏差随时间变迁图(见图 4-29)。植被覆盖度平均值反映植被覆盖情况的高低,植被覆盖度平均值越大,护岸功能越强。如表 4-22 所示,1987 年的植被覆盖度平均值为 67%,1995 年的植被覆盖度平均值为 62%,2005 年的植被覆盖度平均值为 60%,1995 年和 2005 年的植被覆盖度平均值接近,1987—2005 年上游河岸带护岸功能随时间变迁变化微小;2019 年植被覆盖度平均值为 73%,明显高于 1987 年、1995 年、2005 年的植被覆盖度平均值,2019 年的上游河岸带植被覆盖情况较好;1987—2019 年上游河岸带植被覆盖情况越来越好,上游河岸带护岸功能随时间变迁呈变好的趋势。图 4-29 中标准偏差反映植物覆盖的差异性,即 1987—2019 年林地、灌木/草地、农田分布情况变化不大。

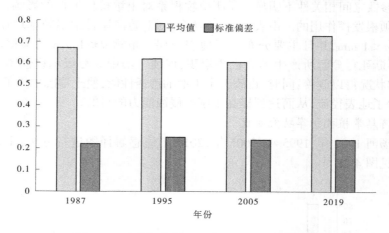

图 4-29　上游河岸带平均值及标准偏差变迁图

表 4-22　不同年份上游河岸带植物覆盖度变化表

年份	平均值/%	标准偏差
1987	67	0.22
1995	62	0.25
2005	60	0.24
2019	73	0.24

　　2020 年对上游河岸带植被生长情况进行实地调查,上游河岸带植被覆盖情况较好。植被覆盖度越高对降雨的截留作用越强,植物的叶片、枝干对降雨有很强的截留作用,减少降雨对岸坡的冲刷,对岸坡起到保护作用。从图 4-29 可以看出,农田的面积减少幅度较大,林地和灌木/草地的面积逐渐增大,上游河岸带植被覆盖面积逐渐增大,对降雨的截留作用增强,护岸功能增强。综上所述,1987—2020 年上游河岸带护岸功能随时间变迁呈变好趋势。

　　3. 中游岸带子系统植被的护岸功能

　　1)中游植被覆盖对护岸功能的影响

　　汤河中游岸带子系统在横向上划分为天然植被带、人工植被带。中游河岸带主要植物分布情况见 4.5.3。通过实地调查中游河岸带主要植物分布情况,中游河岸带植物主要以湿生植物与草本植物为主,主要植被有水花生、芦苇、莎草、灰绿藜。通过实地调查发现,天然植被带植被生长情况良好,主要有芦苇、莎草、小蓬草、狗尾草,以草本植物为主,同时发现草本植物生长密度比较大,且植物生长状况良好;人工植被带主要有杨树、杠柳、莎草,以乔灌草分布为主,生长状况良好。综上所述,通过对中游河岸带植被生长情况实地调查,植物生长状况良好,植被覆盖情况较好,植被的茎、枝、叶对降雨起到较强的截留作用,减缓降雨对岸坡的冲刷,护岸功能较强。

　　利用遥感解译 2019 年汤河中游河岸带遥感图(见图 4-30)计算中游岸带子系统植被覆盖度的平均值、标准偏差、最小值和最大值,汤河中游河岸带植被覆盖情况见表 4-23。

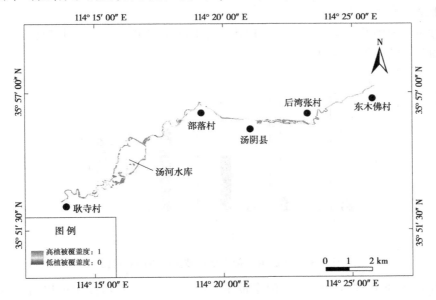

图 4-30　2019 年汤河河岸带中游植被覆盖空间分布图

表 4-23　中游河岸带植被覆盖度统计结果

最小值/%	最大值/%	平均值/%	标准偏差
0	100	65	0.29

表 4-23 中植被覆盖度最小值为 0,植被覆盖度最大值为 1,中游河岸带植被覆盖度平均值为 65%,植被覆盖度平均值反映植被覆盖度的高低,平均值越大,植被覆盖度越高。由表 4-23 可知,汤河中游河岸带的植被覆盖度较高,中游植被覆盖情况较好。标准偏差反映植物覆盖程度的差异性,标准偏差越小表示植被覆盖越均匀,中游标准偏差为 0.29,中游植被覆盖较均匀。汤河中游植被覆盖分布见遥感解译图 4-30,显示汤河水库与后湾张村附近河岸带植被覆盖情况较好,部落村、汤阴县和东木佛村附近河岸带植被覆盖情况较差。结合表 4-23 及实地调查,中游生长大量杨树、柳树、构树,这些乔木生长茂盛,对于降雨截留起到重要的作用,减缓降雨对河岸的冲刷,对河岸的稳固起到保护作用。

2)中游根系密度对护岸功能的影响

对中游河岸带样坑 YK-20 细根频率进行统计,统计结果显示细根频率为 95.99%,中游河岸带植被根系主要为细根。植物根系有效地增加了土壤入渗能力及蓄水能力,同时,根据加筋原理和扦插原理,根系提高了土壤的抗剪切能力,从而提高了土壤的抗蚀能力。

河岸带的植被可以通过根系对土壤的固持作用吸收地表径流和降低河流流速,从而防止河岸侵蚀与水土流失。根群的固土能力及增加垂向入渗的能力与根群的分布情况密切相关,根群分布越密集,则土壤抗蚀能力、抗冲能力越强。中游河岸带植物根系主要为细根,根群密度大,并且主要分布在近地表土层,植被生长茂盛,对土壤抗蚀能力较强,护岸功能较强。

4. 中游河岸带护岸功能变迁

通过对汤河中游河岸带 1987 年、1995 年、2005 年、2019 年遥感图进行分析,土地覆被方式的变迁情况见图 4-31。

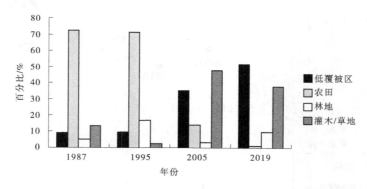

图 4-31　中游河岸带土地覆被类型时间变迁图

由图 4-31 知 1987 年汤河中游河岸带主要以农田为主,农田面积占比约 73%,林地、灌木/草地面积较少,面积占比约 20%,低覆被区面积占比约 7%。1995 年中游河岸带主要以农田为主,农田面积占比约 71%,林地面积占比约 16%,灌木和草地面积占比约 4%,低覆被区面积占比约 9%。2005 年中游河岸带主要以灌木/草地为主,面积占比约 50%,低覆被区和农田面积占比约 47%,林地面积占比约 3%。2019 年中游河岸带低覆被区占比最高,约占 51%;灌木/草地占比超过 40%;农田占比最低,不足 5%。综上所述,1987—2019 年,林地、灌木/草地面积呈增大趋势,农田面积呈减小趋势,低覆被区面积呈增大趋势。低覆被区面积增大是由于 2019 年汤河河岸带中游汤河国家湿地公园修建大量道路,导致 2019 年低覆被区面积较大。综上所述,中游河岸带林地、灌木/草地面积随时间增加,中游河岸带植被覆盖面积增大,乔木、灌木/草地植物的根系分布面积增大,根系对岸带固土作用加强。

对汤河中游河岸带 1987 年、1995 年、2005 年、2019 年遥感图进行植被覆盖情况统计,植物覆盖度变化见表 4-24,平均值及标准偏差随时间变迁情况见图 4-32。1987 年植被覆盖度平均值为 55%,1995 年植被覆盖度平均值为 58%,2005 年植被覆盖度平均值为51%,1987 年和 2005 年植被覆盖度平均值接近,1987—2005 年上游河岸带植被覆盖度随时间变迁变化微小,1987—2005 年上游河岸带的护岸功能随时间变迁变化微小。1987年、1995 年和 2005 年河岸带护岸功能处于中等水平。2019 年植被覆盖度平均值为 65%,与 1987 年、1995 年和 2005 年护岸功能相比,2019 年的河岸带护岸功能较好。1987—2019年中游河岸带植被覆盖情况呈变好趋势,护岸功能随时间变迁呈变好的趋势。1987—2019年中游河岸带植被覆盖的标准偏差差别不大,即 1987—2019 年林地、灌木/草地、农田分布情况变化不大。

表 4-24　不同年份中游河岸带植物覆盖度变化

年份	平均值/%	标准偏差
1987	55	0.28
1995	58	0.32
2005	51	0.28
2019	65	0.29

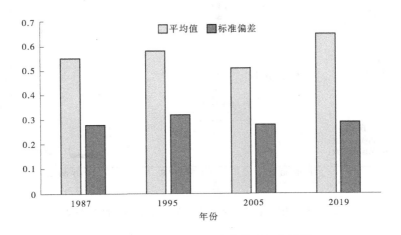

图 4-32　平均值及标准偏差随时间变迁图

2020 年对中游河岸带植被生长情况进行实地调查,中游河岸带植被覆盖情况较好。植被覆盖度越高对降雨的截留作用越强,对岸坡的保护作用越强。从土地覆被类型变迁图(见图 4-32)可以看出,随着时间变迁,农田的面积减少幅度较大,林地和灌木/草地的面积增大。综上所述,中游植被覆盖情况从 1987—2010 年随时间变迁呈变好趋势,其护岸功能随时间变迁呈逐渐变好趋势。

5. 下游岸带子系统植物的护岸功能

1)下游植被覆盖对护岸功能的影响

通过对汤河下游河岸带子系统调查,从下游沿着河岸带布设 38 个河岸带植物调查点。河岸带横向上划分为自然植被带、农田植被带。河岸带主要植物分布情况见表4-9。

通过实地调查下游河岸带主要植被分布情况,左右岸植被区别不明显。自然植被带主要以湿生植物与草本植物为主,主要植被有芦苇、小蓬草、葎草,植被生长情况较差;农田植被带主要以农作物和乔、灌分布,主要植被有杨树、构树、柽柳、玉米,且植被生长情况一般。由下游岸带子系统植物调查结果知,下游河岸带自然植被带与农田植被带植被以草本为主。草本植物呈不均匀分布,植被矮小,生长状况较差。部分地方出现大面积植被死亡现象,造成下游河岸带护岸功能较差。

利用遥感解译 2019 年汤河下游河岸带植被覆盖空间分布情况(见图 4-33),计算下游岸带子系统植被覆盖的平均值、标准偏差、最小值和最大值,汤河下游河岸带植被覆盖情况见表 4-25。下游植被覆盖度最小值为 0,植被覆盖度最大值为 1,植被覆盖度平均值为 49%。结合图 4-33,汤河下游河岸带的植被覆盖度较低,下游植被覆盖情况较差,存在大面积的中等、中低和低覆盖度地区,与 2020 年实地调查结果一致。

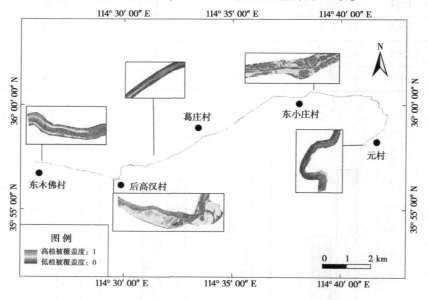

图 4-33　2019 年汤河下游河岸带植被覆盖空间分布图

表 4-25　下游河岸带植被覆盖度统计结果

最小值/%	最大值/%	平均值/%	标准偏差
0	100	49	0.20

2) 下游根系密度对护岸功能的影响

张金池等研究发现土壤的抗冲性与根量尤其是细根的根长及根量的关系密切,并指出表层有根系土壤的抗冲性高于底层土壤。对下游河岸带样坑 YK-22 细根频率进行统计,统计结果显示细根频率为 97.18%。植物根系主要为细根,根群密度大,并且主要分布在近地表土层,植被生长茂盛。根群的固土能力及增加垂向入渗的能力与根群的分布情况密切相关,根群分布越密集,则土壤抗蚀能力、抗冲能力越强。

6. 下游河岸带护岸功能变迁

汤河下游河岸带 1987 年、1995 年、2005 年、2019 年土地覆被类型的变迁如图 4-34 所示。1987 年汤河下游河岸带主要以农田为主,农田面积占比约 85%,林地、灌木/草地面积较少,面积占比约 6%,低覆被区面积占比约 9%。1995 年下游河岸带主要以农田为主,农田面积占比约 78%,林地面积占比约 16%,灌木/草地面积占比约 4%,低覆被区面积占比约 2%。2005 年下游河岸带主要以林地为主,面积占比约 45%,低覆被区面积占比约 37%,农田面积占比约 12%,灌木/草地面积占比约 6%。2019 年下游河岸带主要以林地、灌木/草地为主,面积占比约 70%,低覆被区和农田面积占比约 30%。综上所述,1987—2019 年林地、灌木/草地面积呈增大趋势,农田的面积减少幅度较大,低覆被区面积呈增大趋势。

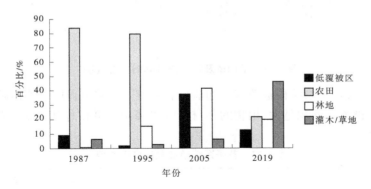

图 4-34　下游河岸带土地覆被类型时间变迁图

对汤河下游河岸带 1987 年、1995 年、2005 年、2019 年遥感图进行植被覆盖度情况分析,1995 年的植被覆盖度平均值为 68%,2005 年的植被覆盖度平均值为 58%,1987 年、2019 年的植被覆盖度平均值均为 49%(见表 4-26)。虽然 1995 年植被覆盖度较大,但是 1987 年与 1995 年下游土地覆被类型主要为农田,农田植被为人工种植的经济作物,随季节变化较大,对河岸带的保护作用较差。2005 年与 2019 年土地覆被类型主要为林地、灌木/草地,与农田植被相比其对河岸带的保护作用较强。2020 年对下游河岸带植被生长情况进行实地调查,下游河岸带植被覆盖情况较差。从图 4-35 可以看出,1987—2019 年农田面积减少幅度较大,林地、灌木/草地面积增大,由于人为干扰,下游河岸带修建大面积防洪护坡,导致低覆被区面积增大。综上所述,虽然 1987—2020 年下游河岸带的护岸功能呈变好趋势,但是通过实地调查目前下游河岸带的护岸作用依然较差。

表 4-26 不同年份下游河岸带植物覆盖度变化

年份	平均值/%	标准偏差
1987	49	0.23
1995	68	0.17
2005	58	0.17
2019	49	0.20

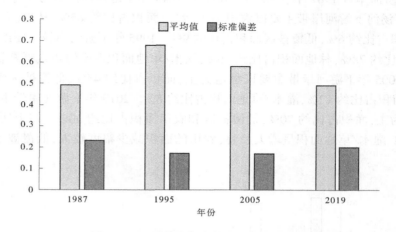

图 4-35 平均值及标准偏差随时间变迁图

河岸带系统及各子系统植被覆盖平均值见表 4-27。植被覆盖度平均值越大表明植被覆盖度越高,植被覆盖面积越大,植物的茎、枝、叶对降雨的截留作用越大,减少对岸坡的冲刷,岸坡越稳定。

表 4-27 各子系统植被覆盖度平均值

系统	植被覆盖度平均值/%
汤河河岸带系统	61
上游岸带子系统	73
中游岸带子系统	65
下游岸带子系统	49

7. 河岸带整体的护岸功能

由表 4-27 可知,目前汤河流域河岸带整体属于高植被覆盖度,上游岸带子系统和中游岸带子系统属于高植被覆盖度,下游岸带子系统处于中植被覆盖度;上游河岸带、中游河岸带、下游河岸带植被覆盖度均呈下降趋势。研究表明,有植被覆盖的河岸带的土壤抗剪切强度、紧实度均要高于裸地,形成的地表径流中的悬浮颗粒物要明显低于裸地。由前文分析可知,乔木优势种为构树、杨树、榆树,草本优势种为葎草、狗尾草、芦苇、青蒿。优势种个体数量多、投影盖度大、生物量高、体积较大、生活能力较强,结合优势种的根系分布特征以及林冠对降雨的拦截能力,植被消减了降雨的动能,影响了产流过程,改变产流时间以及流速大小,最终在一定程度上防止了土壤侵蚀的发生。汤河河岸带植被建议采用乔、灌、草优势种混生方式种植。

汤河河岸带植物地境调查中细根占总根频率均在 90% 以上,植被种类丰富,生长状态良好,细根主要分布在土层深度 0~20 cm,即主要分布在土层浅表层。其中,直径小于 1 mm 的根系在提高土壤的水力学效应方面贡献最大。因而在选择适宜的水土保持植物时,首先要充分考虑根系的特征。目前汤河岸带植被属于高植被覆盖度,土壤表层分布大量细根,细根通过在土体中延伸、穿插、交织,使根群呈网状将土体肢解包裹,从而使土体抵抗风蚀和流水冲刷的能力增强,抗冲性明显提高,使起到较好的护岸功能。目前,汤河河岸带的护岸功能较强。

综合前面几节可以看出,上游岸带子系统与中游岸带子系统护岸功能较好,下游岸带子系统护岸功能较差。1987—2020 年,河岸带护岸功能随着时间变迁呈现变好趋势,但是下游岸带子系统护岸功能依然较弱。

4.6.3.2　水质保护功能

生长有不同植被的河流滨岸带可以通过机械、物理、化学和生物过程来达到对陆地与水体间传输物质的缓冲作用和污染物截留功能。有研究表明非点源污染占流域污染物总量的 65%,而河流滨岸带的截留缓冲带功能可以明显滞留并减少进入水体的氮、磷含量,并可通过土壤吸附降解净化径流中的农药,从而防止农药直接进入水体。许多研究结果证明,植物吸收作用和反硝化作用是河岸缓冲带对氮素截留的两个最主要功能。

河岸带对磷截留主要包括植物的吸收富集,植物对物质的沉降、吸附和过滤作用。植物对水流的阻碍及植物叶片对磷的吸附、过滤,可以降低水流速度和波流能量、固定沉积床,增加磷的沉降量、降低磷的再悬浮量。黄玲玲对竹林河岸缓冲带进行了研究,结果表明通过植物吸收转化、土壤截留、减少土壤水输出等物理的、生物的和生物化学的过程,氮素污染物在进入河岸带后,河岸带对其的清除作用主要发生在河岸带的前部,5 m 宽的河岸带清除氮素超过 54.78%,理想情况下,10 m 宽度即可截留 91.17% 的氮素。

1. 河岸带宽度对水质保护功能的影响

河岸缓冲带对氮、磷等营养元素的截留转化受各种因素的影响,如河岸缓冲带的宽度。其中,国内外学者对河岸缓冲带的适宜宽度进行了大量的研究,众多学者针对具体区域对不同宽度的河岸缓冲带截留氮、磷的效果进行大量的野外试验研究。通常认为,河岸缓冲带越宽,对氮、磷等营养元素的截留转化能力越强,然而多项研究显示,当河岸缓冲带宽度达到 30 m 以上时,河岸带的过滤污染物能力、控制磷流失能力与控制氮素流失的能力基本可以满足(见表 4-28)。

表 4-28　不同学者提出的适宜河岸带宽度

功能	作者	发表时间	宽度/m	说明
水质保护	Cooper R J	1986 年	30	过滤污染物
	Correllt	1989 年	30	控制磷的流失
	Keskitalo	1990 年	30	控制氮素

结合表4-28与调查到的河岸带宽度,上游河岸带左右岸宽度相差比较大,15个河岸带调查点中宽度达到30 m的有6个调查点,未达到30 m的有9个调查点。上游汤河河岸带遥感图显示上游河岸带的宽度不均匀。后营村附近的河岸带宽度较窄,且河岸带左岸宽度大于右岸宽度。东头村、元泉村、陈家湾和大湖村附近的河岸带宽度很窄,大部分河岸带宽度未达到30 m,且东头村、元泉村和陈家湾附近右岸河岸带宽度不到2 m,对水质保护的功能极差。上游河岸带遥感图显示故县村附近河岸带宽度较宽,北柳涧至耿寺村段河岸带宽度较窄。综上所述,上游河岸带宽度不能较好的发挥河岸带过滤污染物能力、控制磷流失能力及控制氮流失能力,即上游水质保护能力一般。

中游左右岸宽度相差不大,在22个调查点中河岸带宽度达到30 m的有7个,河岸带宽度未达到30 m的有22个。中游汤河河岸带遥感图显示中游河岸带宽度较窄。耿寺村、部落村、东木佛村附近河岸带宽度很窄,对水质的保护功能较差。综上所述,中游河岸带过滤污染物能力、控制磷流失能力及控制氮素能力一般,中游河岸带的水质保护能力一般。

下游河岸带左右岸宽度很窄,出现大量河岸带宽度为零的现象,调查点中没有河岸带宽度达到30 m的。下游汤河河岸带遥感图显示下游河岸带宽度很窄。后高汉村、葛庄村、东小庄村和元村附近河岸带宽度极窄。综上所述,下游河岸带的过滤污染物能力、控制磷流失能力及控制氮素能力较差,下游河岸带水质保护能力较差。

2. 植被覆盖度对水质保护功能的影响

在汤河流域上游选择剖面取水样进行水质检测,水质取样点点位见图4-36。在2020年夏季和秋季共取样两次,每次取27个样品,通过对汤河水样取样检测,水样检测情况见表4-29、表4-30。

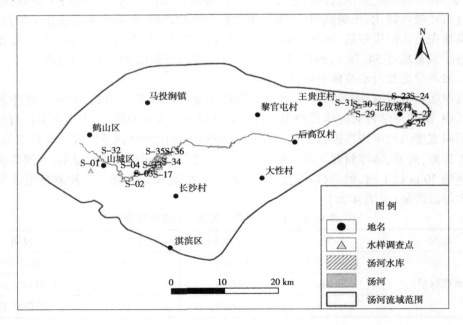

图4-36　水质调查点位图

表 4-29　水样检测结果(丰水期)

位置	样品编号	总磷/(mg/L)	总氮/(mg/L)	高锰酸钾指数/(mg/L)	叶绿素 a/(μg/L)	溶解氧/(mg/L)	COD/(mg/L)	pH	氨氮/(mg/L)	综合污染指数
上游	S-02	0.15	5.65	0.375	2.825	6	14	7.47	1.31	0.53
	S-03	0.19	13.8	0.475	6.9	5.6	17	7.4	1.27	0.53
	S-04	0.21	3.01	0.525	1.505	5.3	18	7.55	1.23	0.52
中游	S-05	0.17	5.71	2.9	—	6.1	12	7.41	0.36	0.36
	S-06	0.09	4.77	3.3	—	6	12	7.42	0.05	0.28
	S-07	0.29	4.05	3.1	—	4.6	23	7.42	1.95	0.78
	S-08	0.06	5.38	2.8	—	4.5	23	7.33	1.08	0.47
	S-09	—	1.11	3.4	10	4	34	7.38	0.49	0.65
	S-10	0.03	2.48	2.7	3	6.2	20	7.25	0.09	0.38
	S-11	0.09	6.57	2.4	—	5.9	25	7.29	0.05	0.48
	S-12	0.13	6.52	2.9	—	6.1	22	7.4	2.01	0.77
	S-13	0.03	4.39	2.9	—	4.3	25	7.21	1.05	0.50
	S-14	0.03	3.62	3.4	—	4.2	22	7.33	0.03	0.43
	S-15	0.03	2.53	3.3	—	5.9	20	7.5	0.40	0.40
	S-16	0.05	6.65	3.1	—	4.8	17	7.32	3.17	1.17
	S-17	0.07	8.32	2.9	—	6	19	7.34	0.19	0.38
	S-18	0.07	9.35	3.2	—	5.8	18	7.37	0.33	0.37
	S-19	0.03	1.56	3.4	3	4.3	21	7.15	0.23	0.41
下游	S-23	0.04	3.19	3	—	4.2	31	7.15	0.39	0.59
	S-24	0.04	4.43	3.4	—	4.3	31	7.11	0.14	0.58
	S-25	0.05	0.68	2.8	6	6.1	29	7.12	0.36	0.55
	S-26	0.12	0.52	2.8	3	4.2	17	7.36	0.36	0.39
	S-27	0.27	0.81	3.5	—	4.4	31	7.26	0.40	0.62
	S-28	0.43	0.74	3.6	4	4.6	42	7.13	0.41	0.84
	S-29	0.07	0.92	2.3	—	4.2	28	7.15	0.63	0.54
	S-30	0.04	2.46	2.7	—	4	22	7.33	0.61	0.44
	S-31	0.2	2	3.2	—	4.2	44	7.18	1.28	0.86
标准值		0.4	2	15	—	2	40	6~9	2	—

表 4-30 水样检测结果（枯水期）

位置	样品编号	总磷/(mg/L)	总氮/(mg/L)	高锰酸钾指数/(mg/L)	叶绿素a/(μg/L)	溶解氧/(mg/L)	COD/(mg/L)	pH	氨氮/(mg/L)	综合污染指数
上游	S-02	0.69	5.65	2.4	—	6.2	23	7.45	0.15	1.27
	S-03	0.68	5.53	3.8	—	5.9	24	7.13	0.13	1.25
	S-04	0.73	3.08	2.8	—	6	29	7.25	0.09	1.35
中游	S-05	0.53	5.74	2.9	—	5.7	17	7.23	0.19	0.98
	S-06	0.63	5.6	3.3	—	5.4	13	7.37	0.17	1.16
	S-07	0.65	4.81	3.1	—	5.8	31	7.39	0.12	1.21
	S-08	0.7	4.01	2.8	—	5.4	20	7.44	0.82	1.30
	S-09	0.59	5.31	3.4	—	6.1	31	7.15	0.33	1.10
	S-10	0.63	1.07	2.7	—	6.3	20	7.18	0.23	1.16
	S-11	0.64	2.48	2.4	—	6	29	7.21	0.08	1.18
	S-12	0.65	6.57	2.9	—	5.4	28	7.27	1.49	1.23
	S-13	0.62	6.48	2.9	—	5.4	26	7.33	0.35	1.16
	S-14	0.62	4.43	3.4	—	5.3	30	7.42	1.42	1.19
	S-15	0.65	3.65	3.3	—	5.9	21	7.39	0.25	1.20
	S-16	0.6	6.19	3.1	—	5.4	22	7.28	1.7	1.14
	S-17	0.69	2.5	2.9	—	5.6	27	7.13	0.37	1.28
	S-18	0.67	6.64	3.2	—	6	30	7.17	0.99	1.26
	S-19	0.65	8.39	3.5	—	6.1	26	7.05	0.51	1.21
下游	KS-23(2)	0.66	2.82	3	—	5.9	26	7.25	0.64	1.23
	KS-24(2)	0.64	6.32	3.2	—	5.2	13	7.2	0.67	1.18
	KS-25(2)	0.68	5.31	2.6	—	5.1	16	7.29	0.92	1.26
	KS-26(2)	0.64	4.5	3.3	—	5.4	26	7.15	0.44	1.19
	KS-27(2)	0.61	2.5	3.2	—	5.9	13	7.09	0.43	1.12
	KS-28(2)	0.57	4.3	2.7	—	6.2	30	7.11	0.52	1.07
	KS-29(2)	0.62	4.08	3	—	5.5	20	7.33	0.70	1.16
	KS-30(2)	0.64	4.41	3.4	—	5.6	11	7.37	0.14	1.18
	KS-31(2)	0.66	4.77	2.8	—	6	33	7.26	0.20	1.23
标准值		0.4	2	15	—	2	40	6~9	2	—

单项污染指数的计算公式为:

$$P_i = C_i / C_0 \qquad\qquad (4\text{-}8)$$

式中　P_i——第 i 种污染物组分的单项污染指数;

　　　C_i——第 i 种污染物实测浓度,mg/L;

　　　C_0——第 i 种污染物浓度参考指标值,mg/L。

在求出单项污染指数后,采用内梅罗法计算综合污染指数:

$$P = \left[(\overline{P_i}^2 + P_{\max}^2)/2 \right]^{\frac{1}{2}} \qquad\qquad (4\text{-}9)$$

式中　P——某一点水质污染综合指数;

　　　$\overline{P_i}$——某一点各单项污染指数的平均值;

　　　$P_{\max}$——某一点最大单项污染指数。

河岸带对水质的保护主要通过植物对氮素的吸收作用和反硝化作用,对磷截留是通过植物吸收富集。植物对污染物的沉降、吸附和过滤作用可以降低污染物进入水体。水样检测样品数据见表 4-29 和表 4-30。表中数据显示,总磷浓度、总氮浓度、氨氮浓度及高锰酸钾指数在夏季和秋季呈现明显变化,夏季总磷浓度、总氮浓度、氨氮浓度及高锰酸钾指数比秋季低。用式(4-8)和式(4-9)计算综合污染指数,河岸带夏季水质综合污染指数比秋季水质综合污染指数低。Mander 的研究表明河岸缓冲带的去污能力受植被覆盖度的影响极大,灌丛和林龄较小的河岸带植被对氮、磷等营养物质截留转化的能力较林龄大的更强,这是由于幼龄植被和土壤及土壤微生物的活动能力和吸附能力更强,故能保留更多的营养用以树木的生长;而林龄大的植被林地通常处于养分输入和输出的平衡状态。夏季汤河河岸带植被生长茂盛,植被覆盖度高,到秋季河岸带植被枯萎,植被覆盖度变低,汤河河岸带植被覆盖度对河岸带水质保护功能影响较大。

计算上游、中游、下游河岸带水质检测综合污染指数平均值,计算结果见表 4-31。通过对各样点水质综合污染指数取平均值得到综合平均污染指数。上游平均污染指数与中游平均污染指数均为 0.52,下游平均污染指数为 0.54,污染程度较高。结合前文对汤河河岸带植被覆盖度的分析,上游、中游和下游的综合污染指数平均值计算结果与植被覆盖情况相符合。

表 4-31　汤河各河岸带子系统平均污染指数

子系统名称	平均污染指数
上游岸带子系统	0.52
中游岸带子系统	0.52
下游岸带子系统	0.54

上游岸带与中游岸带植被覆盖情况较好,植物生长旺盛,对氮、磷、钾等养分的需求量大,植物根系活性强,吸收和运输养分能力较强。下游植被覆盖情况较差,植物对氮、磷、钾等养分的吸收运输能力较差。综上所述,目前汤河河岸带对水质的保护功能一般,其中汤河河岸带上游与中游对于水质的保护功能处于中等水平,下游河岸带对水质的保护功

能较差,建议在下游河岸带退耕还草,种植植被,增大植被的覆盖度和河岸带宽度。

4.6.3.3　景观功能

汤河河岸带景观功能包括生态景观功能、人文景观功能、生物景观功能等。景观功能基于岸带生态系统纵向结构特征及变化的研究,分别以上、中、下游 3 个岸带子系统进行景观功能分析。

1. 上游岸带子系统景观功能

对汤河上游河岸带进行实地调查(见图 4-37),上游植被覆盖度比较高。乔木、灌木、草本生长状况良好,河岸带乔木生长主要为构树与杨树,树木高大,长势茂盛,乔木主要为规律性列式分布;灌木主要有黄荆、鸡桑,生长状态良好,长势茂盛,灌木主要为分散性点状分布;草本主要有芦苇、披碱草、葎草,生长茂盛,草本为聚集面状分布。上游河岸带景观功能以生态景观功能为主,其生态景观功能主要体现在 3 个方面:一是净化河岸带环境空气,二是保护河岸带自然生态,三是美化河岸带环境。

(a)　　　　(b)

(c)　　　　(d)

图 4-37　上游河岸带景观图

上游河岸带植被生长茂盛,整体自然风景比较优美,汤河河岸带拥有丰富的植被类型,郁郁葱葱的树木、草地成为整个河岸带景观的亮点,河岸带生长的植被形成一片绿色的风景,与周围景观镶嵌融合,大大地提高河岸带景观质量。河岸带已经成为城市中人与自然对话的场所:绿树成荫、鸟语花香,伴以清澈的河水,极具美学价值。但是在上游北柳涧附近[见图 4-37(a)],该地植被破坏,人工砍伐严重,使景观出现不连续现象,破坏了上游景观功能。

2. 中游岸带子系统景观功能

对汤河中游河岸带进行实地调查,汤河中游河岸带植被生长状况较好。河岸带生长有湿生植物芦苇、水花生等,河岸带植物以草本植物为主,大面积的葎草、牛筋草、小蓬草,草本植物长势较好,枝叶挺拔,郁郁葱葱。汤河河岸带中游景观功能主要以汤阴汤河国家湿地公园为主。汤阴汤河国家湿地公园西起汤河水库南侧,沿汤河两侧一定区域向下游至中华路汤河桥,全长 15 km,总面积 710.2 hm²,汤河水库附近河岸带植被生长茂盛,植被分带明显,风景优美,景观功能较强。通过资料收集,2016 年赵祎、王金叶等对汤河中游湿地公园进行调查,调查结果显示湿地生态系统具有较强的代表性和典型性,湿地环境质量良好,湿地景观价值高。2020 年对汤河河岸带实地调查,岸带中游景观优美,植被覆盖度高,植被有明显的分带,并且物种丰富。

1) 人文景观

中游河岸带的人文景观主要体现在汤河湿地公园附近。汤河湿地公园在建筑风格、模式等方面与湿地景观社区环境之间比较协调,展现了地方特色。河南汤河国家湿地公园的景观,生物资源和文化资源在湿地知识科学普及和环境保护宣传教育等方面具有较高的价值。公园内有深刻的周易文化,历史文化价值极高,公园自然景观优美,人文景观独特,蕴涵了深厚的历史文化。

2) 生态景观

中游耿寺村附近的河岸带宽度较窄,以草本植物为主,生态景观较为单调。汤河水库大坝以上水库东岸建设快速通道、自行车赛道和园区道路 38 km,建成 1 800 m 观鸟栈道、5 处宣教长廊、2 个巡护码头和亲水平台、2 个观鸟塔及人工湖、易源广场,营造了良好的生态环境,取得较好的生态效益和社会效益。汤河河道两侧具有植物景观特色,融入休闲体育元素,营造了宜人的自然环境,在沿河两岸规划设计了汤河印象、运动公园、党建公园、汤水荡波、桃李争艳、四季花田、湿地物语等景观小品 15 余处,将汤河沿岸景观贯穿联结成为一条休闲健身观光生态景观带(见图 4-38)。

部落村、汤阴县和东木佛村在汤河水库下游,部落村附近植被生长情况较好,乔木、灌木、草本植物分带明显,植物生长茂盛,景色优美。汤阴县和东木佛村附近植被覆盖情况一般,主要以草本植物为主,植被种类较单一。

3) 生物景观

汤河国家湿地公园处于我国三大候鸟迁徙路线的中线主干上。湿地公园内有较为开阔的水域、生境多样的河流廊道以及周边众多可以取食的农田,是迁徙候鸟在河南省中北部理想的停歇地。因此,湿地公园生态独特性强。

中游岸带景观功能有人文景观功能、生态景观功能、生物景观功能。河南汤河国家湿地公园以汤河水库和汤河为主体,作为景观主体的汤河和汤河水库组合成具有不同景观风貌及丰富多样的复合湿地系统和湿地景观。

（a）　　　　　　　　　　　　　　（b）

（c）　　　　　　　　　　　　　　（d）

图 4-38　中游河岸带景观

3.下游岸带子系统景观功能

对汤河下游岸带子系统行进实地调查,汤河下游岸带子系统景观功能存在以下问题:

（1）下游岸带子系统植被覆盖度低,如图 4-39 所示,多处植被生长状况差,并且植被多样性低,某些地方出现植物大量死亡现象,在前高汉村西侧调查点 AD-63 处被修复的植被出现大量死亡现象,这些原因导致汤河下游岸带景观功能较差。

（a）　　　　　　　　　　　　　　（b）

图 4-39　下游河岸带景观

（2）左右河岸带被农田大量侵占,破坏了河岸带景观。河岸带主要生长草本植物,主要有芦苇、葎草、青蒿等。草本植物分布较分散、不集中,并且乔木和灌木较少,植被分带不明显,造成下游河岸带景观功能较差。

这些问题导致下游景观功能较弱,针对目前下游河岸带景观功能现状,需要加强下游河岸带景观建设。

4.6.3.4　维护生物多样性功能

汤河河岸带共记录到 66 种草本植物,分属 24 科;5 种灌木植物,分属 4 科;12 种乔木植物,分属 10 科,植物统计结果见表 4-32。汤河岸带草本植物科的物种组成以菊科、禾本科物种数较多,其中菊科所含种数最多,有 15 种,占总物种数的 22.73%,主要有艾、青蒿、鬼针草等。禾本科所含种数次之,有 13 种,占总物种数的 19.70%,主要有狗尾草、芦苇、披碱草、稗、牛筋草等。灌木植物主要有黄荆、荆条,属于马鞭草科,占总物种数的 40%。乔木植物科的物种组成以杨柳科为主,有 3 种,占总物种数的 25%,主要有杨树、垂柳。

频度和物种丰富度指数计算公式见下:

$$频度 = (某种植物出现的次数 / 全部调查点数) \times 100\% \tag{4-10}$$

物种丰富度指数:

$$R = S \tag{4-11}$$

式中　S——调查中出现的物种数之和。

汤河河岸带 66 种草本植物中,频度 ≥3% 的有 14 种,占全部物种的 21.21%;频度 ≥5% 的有 6 种,有葎草、芦苇、艾、苘麻、小蓬草、稗,占全部物种数的 9.09%。其中,葎草出现的频度 ≥8%。5 种灌木植物中频度 ≥20% 的有 2 种,其中黄荆占 44.44%,荆条占22.22%。12 种乔木植物种,频度 ≥15% 的有 3 种,占全部物种数的 23.08%,为杨树、构树和垂柳。

根据调查数据计算群落中的物种丰富度指数(见图 4-40)。汤河河岸带物种丰富度指数的变化范围是 2~20。在上游源头区丰富度指数较低,这是由于源头区河水水量小、河岸带宽度较窄,植物生存空间狭小,限制了物种多样性。自上游到中游呈增加的趋势,自中游到下游呈减少的趋势。下游源头丰富度指数较高,上游与中游物种丰富度变化不大,没有较大的起伏出现。此外植物物种丰富度较高,物种多样性较高,其中河岸带中游生物多样性较上游与下游好。根据调查情况,下游物种丰富度变化较大。因为下游河岸带人为破坏严重,多为浆砌石护坡,大量农田侵占河岸带,特别在菜园镇附近岸带两侧人为改造很强烈。所以导致下游许多地方植被稀疏,自然生长植被较少,植物无明显分带特征,植物物种较少,破坏了下游河岸带的物种多样性。

河岸带作为水陆过渡带,受陆地和水生生态系统的双重影响,使得河岸带在不同的时间和地点具有很强的异质性。这种异质性形成了众多的小生境,为种间竞争创造了不同的条件,使物种的组成和结构也具有很大不同,使得众多的植物能在这一交错区内可持续生存繁衍,从而使物种的多样性得以保持。综上,汤河河岸带植物主要以草本植物为主,草本植物种类较丰富,灌木和乔木种类较少。汤河河岸带自上游到下游的纵向梯度上,环境异质性导致河流的河岸带物种多样性存在差异。上游到中游生物多样性呈增加趋势,这是由于中游河岸带宽度较宽,河岸的环境变得多样,提供的生境类型增加,植物群落的复杂性变大。河岸带中游到下游生物多样性呈现降低趋势,这是下游受到人为破坏较严重,河岸带宽度较窄,植物种类较少,生物多样性较差。

表 4-32　河岸常用植物统计

物种编号	植物类型	物种	科	出现次数	频度/%
1	草本	葎草	桑科	39	8.13
2		狗尾草	禾本科	21	4.38
3		芦苇	禾本科	34	7.08
4		青蒿	菊科	19	3.96
5		艾	菊科	26	5.42
6		披碱草	禾本科	18	3.75
7		蓟	菊科	2	0.42
8		苣荬菜	菊科	1	0.21
9		田旋花	旋花科	1	0.21
10		地毯草	禾本科	13	2.71
11		马唐	禾本科	8	1.67
12		灰绿藜	藜科	16	3.33
13		鬼针草	菊科	18	3.75
14		水花生	苋科	21	4.38
15		牵牛花	旋花科	5	1.04
16		牛筋草	禾本科	19	3.96
17		红蓼	蓼科	22	4.58
18		苘麻	锦葵科	29	6.04
19		莲子草	苋科	2	0.42
20		沿阶草	百合科	3	0.63
21		地肤	菊科	1	0.21
22		地被石竹	石竹科	1	0.21
23		荠菜	十字花科	1	0.21
24		再力花	竹芋科	1	0.21
25		蔗草	莎草科	3	0.63
26		玉带草	禾本科	1	0.21
27		地芽	唇形科	1	0.21
28		猪毛菜	藜科	4	0.83

物种编号	植物类型	物种	科	出现次数	频度/%
29	草本	小蓬草	菊科	24	5.00
30		稗	禾本科	30	6.25
31		苍耳	菊科	12	2.50
32		金鱼藻	金鱼藻科	1	0.21
33		益母草	唇形科	1	0.21
34		车前草	车前科	2	0.42
35		蓼蓝菜	蓼科	3	0.63
36		垂序商陆	商陆科	2	0.42
37		莲子草	苋科	2	0.42
38		天名精	菊科	2	0.42
39		水芹	伞形科	2	0.42
40		香蒲	香蒲科	16	3.33
41		狗牙根	禾本科	6	1.25
42		芦竹	禾本科	3	0.63
43		马齿苋	马齿苋科	5	1.04
44		剌儿菜	菊科	1	0.21
45		地黄	玄参科	1	0.21
46		香菇草	伞形科	1	0.21
47		野菊	菊科	1	0.21
48		地肤	蓼科	3	0.63
49		苦苣	菊科	2	0.42
50		三叶草	豆科	4	0.83
51		知母	百合科	1	0.21
52		蒲公英	菊科	3	0.63
53		钻叶紫菀	菊科	2	0.42
54		扁杆荆三棱	莎草科	1	0.21
55		马蔺	鸢尾科	1	0.21
56		扁竹	蓼科	1	0.21

物种编号	植物类型	物种	科	出现次数	频度/%
57	草本	苋	苋科	7	1.46
58		鳢肠	菊科	1	0.21
59		狼尾草	禾本科	1	0.21
60		泥花草	玄参科	1	0.21
61		茜草	茜草科	1	0.21
62		长芒稗	禾本科	3	0.63
63		旋覆花	菊科	1	0.21
64		双穗雀稗	禾本科	1	0.21
65		蒙古蒿	菊科	1	0.21
66	灌木	黄荆	马鞭草科	4	44.44
67		荆条	马鞭草科	2	22.22
68		桑	桑科	1	11.11
69		酸枣	鼠李科	1	11.11
70		杠柳	萝藦科	1	11.11
71	乔木	杨树	杨柳科	38	40.86
72		构树	桑科	21	22.58
73		柏树	柏科	2	2.15
74		垂柳	杨柳科	14	15.05
75		槐树	蝶形花科	1	1.08
76		臭椿	苦木科	3	3.23
77		柽柳	柽柳科	2	2.15
78		旱柳	杨柳科	4	4.30
79		红叶石楠	蔷薇科	1	1.08
80		刺槐	豆科	2	2.15
81		泡桐	玄参科	4	4.30
82		榆树	榆科	1	1.08

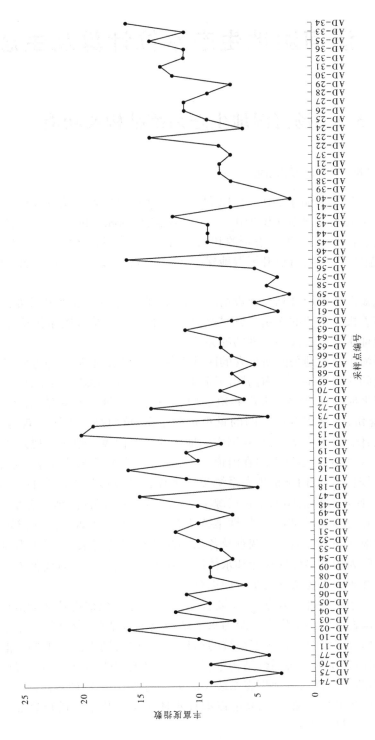

图 4-40　汤河河岸带物种丰富度自上游至下游变化

第5章　汤河湿地生态水位计算及生态调控

5.1　汤河湿地生态系统结构及功能

5.1.1　汤河湿地生态系统概况

汤阴汤河国家湿地公园于2012年12月经国家林草局批复开始开展试点建设,2018年底顺利通过国家验收。规划面积710.2 hm²,湿地面积568.7 hm²。湿地公园以永续保护湿地生态系统、合理利用湿地生态资源和人文历史风貌资源为建设目的,集城市湿地、农耕湿地、文化湿地于一体,可供开展湿地保护、恢复、宣传、教育、科研、检测、生态旅游等活动。

根据汤河国家湿地公园规划及建设情况,汤河湿地具有多项重要生态功能,对湿地的生态系统健康有着极为重要的作用,其中景观功能、水质保护及水质净化功能、物种多样性保护功能与湿地水位有着极为紧密的的关系。

河南汤阴汤河国家湿地公园所包含的区域现状在建筑格调、形式等方面与湿地景观、外围社区环境之间比较协调。河南汤阴汤河国家湿地公园河流蜿蜒,形态复杂,形成了由河流、沼泽、洪泛平原湿地、库塘、水产养殖场构成的复合湿地生态系统,湿地景观多样。同时,长期的文化沉淀,使得湿地公园的景观资源丰富,价值高。水域景观方面,汤河水库、汤河岸线自然优美,水质良好,是我国中原地区的典型代表。地文景观方面,在汤河水库和汤河中,形态各异的河心洲点缀在河道中间,像一个个绿珠洒落在水库和河道中央。生物景观方面,湿地公园境内湿地生态系统类型多样,生境较好,为众多的动植物提供了良好的栖息环境,使得湿地公园内生物资源丰富。综合来看,汤河湿地生态系统具备多种湿地生态系统应有的功能,如物种多样性维持功能、纳污功能、景观功能、局部区域小气候改善功能等。但根据汤河湿地野外调查及各项功能的显现情况来看,汤河湿地最重要且最易受影响的功能为物种多样性功能和水体纳污功能,因此本次针对汤河湿地生态系统结构及功能的调查研究主要从这两个方面进行。

对汤河湿地生态系统进行调查时,主要针对湿地生态系统结构及功能进行调查。湿地生态系统结构调查包括湿地生态系统的水平结构及垂直结构,分别从水平上的分带性及在垂直方向上的分层性对湿地生态系统的结构进行刻画,调查内容主要以湿地植物为主,从湿地植物层面对湿地生态系统结构进行刻画。湿地功能调查主要以湿地物种多样性功能、纳污能力两个方面对湿地生态系统功能进行刻画,其中物种多样性功能通过计算湿地物种多样性指数进行表征,纳污功能以湿地水体污染现状指标进行表征。此次研究区湿地调查点位分布见图5-1。

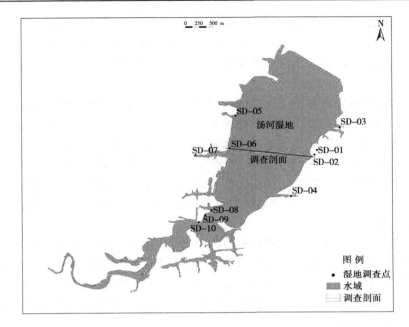

图 5-1　湿地植物调查点位分布

选取湿地调查点 SD-02 及 SD-05 制作岸带植物调查剖面,针对湿地岸带植物及近岸浅水区域水生植物进行调查,根据植物分布绘制剖面图。剖面选取依据贯穿植物层次最大性原则。湿地植物调查剖面示意图见图 5-2。

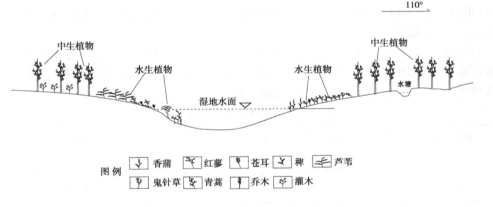

图 5-2　湿地植物调查剖面示意图

5.1.2　汤河湿地生态系统结构调查

湿地生态系统是地球上最复杂的生态系统之一,生物资源极为丰富,具有较高的生物多样性和较为复杂的植物群落结构。湿地中存在大量的动物、植物及微生物,如鸟类、鱼类、湿生植物、水生植物、藻类、浮游生物及土壤微生物。其中,绝大多数生物对水位的波动较为敏感,其生存状况或多或少的受到水位制约,其中湿生植物、水生植物及旱生植物对水位变化最为敏感且表现最为明显。植物受其自身生境影响,往往在空间上表现出差异性,水位变化能影响植物的生长繁殖、群落分布、植被演替等多个生态系统过程。从宏观角度来看,湿地植物空间分布受到地形、湿地水位及高低水位持续时间影响;从景观角度来看,受土壤含水量、地下水埋深和土壤结构影响;从微观角度看与微地形和土壤没养分相关。

国内外众多学者针对湿地生态系统结构及功能进行了一系列的调查研究。王琪针对长白山不同坡向研究植物群落结构及物种多样性与海拔梯度的关系,通过研究发现植物多样性与海拔梯度变化无明显关系。费永俊针对沟渠湿地植物群落结构进行了研究,发现植物群落在水平方向上为斑块结构,并不存在水平分带情况,而垂直方向上存在以湿生、挺水、浮水和沉水植物的空间结构。孙菊对大兴安岭冻土地区湿地植物群落结构进行调查,以乔木层、灌木层、草本层和地被层4个层次对植物群落垂直结构进行划分,垂直方向上层次较为明显。

刘晓玲、赵海莉、张卫东等针对湿地植物群落结构进行研究,计算其群落物种多样性指数、丰富度指数、均匀度指数及重要值等群落特征指标,探究影响植物群落结构变化的因素及不同的影响机制。尚文对滇西北高原纳帕海湖滨湿地植物群落演化过程进行研究,并总结演化过程中群落特征值及土壤理化性质的变化,认为水分梯度是影响群落结构及物种组成的最主要因素。

在对汤河湿地进行调查的过程中,着重对汤河湿地生态系统结构及功能现状进行调查,以判断汤河湿地生态系统目前所存在的问题。汤河湿地生态系统结构调查以植物群落空间结构调查为主,包括水平方向及垂直方向群落结构的调查。对距湿地水体不同水平距离处生长植物种类进行调查,确定湿地水平方向植物群落结构变化规律。根据水面范围沉水植物、浮水植物、挺水植物所处生存空间区域不同确定垂直方向植物群落结构变化规律。

5.1.2.1　水平结构

野外实际调查过程中发现,汤河湿地生物资源丰富,浅水区域及岸边分布有多种水生植物群落,根据水生植物分类,湿地水生植物主要可分为挺水植物、浮水植物、沉水植物及湿生植物。湿地存在的主要水生植物及湿生植物见表 5-1。

表 5-1　汤河湿地水生植物调查结果

挺水植物	沉水植物	浮水植物	湿生植物
香蒲、芦苇、荷花	狐尾藻、金鱼藻	浮萍、莲蓬草、水花生、水葫芦	稗、红蓼、苘麻、玉带草、水葱

湿地植物生存环境的改变,造成湿地岸带植物在空间上分布具有差异性,在水位不同的区域,存在的植物群落也有所不同。当水位过高时,洲滩被水体覆盖,生长于此处的植物生境发生改变,不适应高水位的植物生长受到影响,长势变差甚至死亡,而适应高水位的挺水植物、沉水植物等则长势较好;当水位降低时,挺水植物及沉水植物长势变缓甚至逐渐死亡,而湿生植物则可迅猛生长。因此,经过长期的发展及植物的自适应性,生长在湿地岸边的植物在空间上的分布具有明显的规律,在不同的水位变化带会有不同习性的湿地植物生长。

　　针对湿地南北两岸湿地植物岸带分布进行调查,调查植物水平上的分布规律,调查结果见图 5-3、图 5-4。

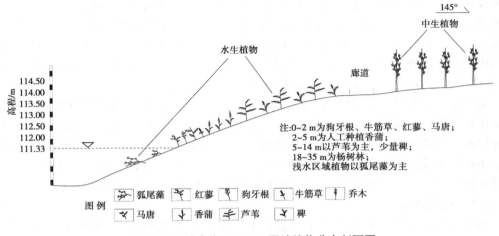

图 5-3　湿地南岸(SD-02)湿地植物分布剖面图

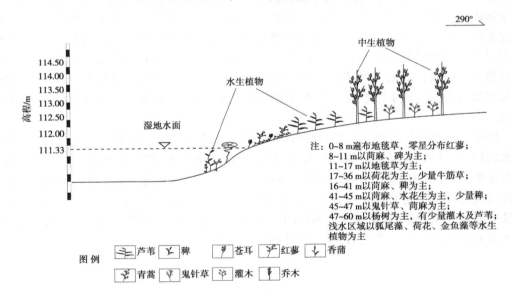

图 5-4　湿地北岸(SD-05)湿地植物分布剖面图

　　由图 5-3 可知,近岸浅水区域水生植物较少,仅有少量狐尾藻;在湿地岸带上以湿生植物为主,0~2 m 区域以狗牙根、牛筋草、红蓼、马唐为主,生长高度约 30~40 cm;2~5 m 区域以香蒲为主,生长高度较为一致,约为 1 m,且分布较为均匀,为人工种植;5~14 m 以芦苇为主,集中分布,高度差别较大;由 18 m 向湿地公园内部延伸方向为湿地公园改造区域,种植大量乔木及景观植物,乔木以杨树为主。由图 5-4 可知,浅水区域水生植物较为丰富,包括荷花、水花生、狐尾藻、金鱼藻、芦苇等浮叶植物、沉水植物及挺水植物;河岸带湿生植物与湿地南岸种类基本相同,但生长有大量苘麻,且植物生长高度有较大差别;远离水体的区域生长有大片的乔木,主要为杨树。树林中生长有少许灌木,以构树为主。

　　由植物分布规律可看出,水平方向上湿地河岸带植物存在分带的现象。在近岸浅水区域及岸边范围内主要以水生植物为主,包括狐尾藻、金鱼藻等沉水植物,芦苇、香蒲等挺水植物,以及水花生、水葫芦、蓬莲草等浮水植物。随着距水体距离的增加,出现第 2 个植物带,包括苍耳、红蓼、苘麻、稗等耐涝性较好的植物。这些植物以一年生草本植物为主,在国内分布范围较广,较为常见,常生长在水渠边。第 3 个植物带以多年生草本及乔木为主,草本以玉带草为主,乔木以杨树为主,多为人工种植。

　　由湿地南岸与湿地北岸植物生长情况对比可知,湿地北岸植物水平分带性更为明显,层次更加清晰。湿地北岸水生植物更加丰富,水平方向上具有一定的层次性:在靠近岸边主要以挺水植物为主,浮叶植物与沉水植物分布在水深略大的区域。而在湿地南岸,从河岸带植物种类及植物分带数量都低于北岸,水域植物主要以沉水植物和挺水植物为主,未见浮叶植物分布,且湿地南岸中生植物生长区域以乔木为主,未见灌木生长。

5.1.2.2　垂直结构

　　汤河湿地植物资源丰富,生长有大量水生植物,包括沉水植物、浮叶植物、挺水植物及大量湿生植物。在水域中,各种水生植物的生长分布具有明显的垂向分层。陈刚等在针对太湖流域水域生态系统进行研究时,根据水体理化条件及植物种类不同将水域生态系统在垂向上划分为 4 层,对太湖水域生态系统垂向结构进行了刻画。第一层、第二层位于水面以下至湖底淤泥表面,第三层、第四层位于淤泥表面以下至植物生境下边界。其中挺水植物、浮叶植物、沉水植物等水生植物的重要功能器官均位于第一层、第二层。本次研究参照其对太湖流域生态系统垂向结构刻画的方式,对汤河湿地生态系统垂向结构进行研究。

　　根据汤河湿地岸带植物的调查结果(见图 5-3、图 5-4)可知,在湿地北岸,近岸水域中挺水植物、浮叶植物、沉水植物均有分布,而湿地南岸近岸水域中缺少浮叶植物的分布。挺水植物、浮叶植物、沉水植物的叶片分布区域在垂向上,由上到下依次分布(见图 5-5),叶片是进行光合作用的重要场所。三者在垂直方向上占据各自的生存空间,提高了生态系统的能量利用效率,且使结构更加稳固。湿地北岸水域中浮叶植物的缺失,从垂直结构上来看对汤河湿地生态系统结构稳定性造成了不利的影响。

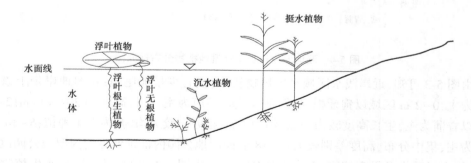

图 5-5　湿地水域植物垂向分层结构示意图

若将湿地南北两岸划分为两个不同的湿地生态系统进行研究,根据湿地南北两岸对比结果可知,在南岸天然状态下湿地生态系统结构更加复杂,乔灌草及水生植物等均有分布。而湿地北岸缺少灌木的分布,且水生植物种类较少。复杂的群落结构使生态系统更加稳定,有更好的抵御外界干扰的能力。

5.1.3　汤河湿地生态系统功能现状

5.1.3.1　物种多样性保护功能

根据汤河湿地公园资料,湿地内自然资源丰富,物种多样性较高。湿地内有维管植物有 88 科 276 属 575 种,其中蕨类植物有 5 科 5 属 11 种,裸子植物有 3 科 4 属 5 种,被子植物有 80 科 267 属 559 种。对汤河湿地公园水生植物进行实地调查研究,调查方式采用样方调查,样方布设选取湿地两岸水生植物生长状况较好、物种较为丰富区域。本章研究共选取 10 个植物样方,样方规格为 4 m×4 m。

依据调查结果,研究区主要生长有以下水生植物,按照生境习性可分为:

(1)湿生植物:小蓬草、鬼针草、鸢尾、水花生、稗、鬼针草、千屈菜、红蓼、苘麻、苍耳、藨草。

(2)挺水植物:香蒲、芦竹、芦苇、荷叶。

(3)浮水植物:浮萍、水葫芦。

(4)沉水植物:金鱼藻、狐尾藻、丝藻。

除水生植物外,湿地内还存在多种中生植物及旱生植物,如旱柳、柽柳、杨树、海棠等。由于中生植物及旱生植物生长对水位变化不敏感,且杨树、海棠等数量较多的植物为人工种植,而本章研究主要针对湿地水位变化对植物的影响。因此,本次植物群落特征值计算暂不考虑杨树、海棠等人工栽种的乔木。

根据调查数据计算物种多度、相对密度、频度、相对频度、重要值等群落结构特征值。由于湿地植物冠幅很小,所以计算重要值时不考虑。植物群落结构部分特征值计算公式如下:

$$相对密度 = \frac{一个种的个体数}{所有种的个体数} \times 100\% \tag{5-1}$$

$$频度 = \frac{某种植物出现的样方数}{全部样方数} \times 100\% \tag{5-2}$$

$$相对频度 = \frac{某种的频度}{所有种的频度} \times 100\% \tag{5-3}$$

$$重要值 = \frac{相对密度 + 相对频度}{2} \tag{5-4}$$

植物群落多样性是植物群落特征的重要体现,可简单直观地反映群落的种类组成、结构、功能和种群的分布格局,对于了解群落的波动、演替和环境变化,具有重要的指示作用。植物群落多样性主要由物种丰富度指数、物种多样性指数和物种均匀度指数组成。物种多样性指数反映植物群落的复杂程度,指数越大表明群落中植物种类越多,群落越复杂;优势度指数是植物群落中物种集中性的度量;物种丰富度指数越高表示植物种类越丰富。

物种丰富度指数仅考虑群落的物种数量和总个体数。Patrick 丰富度指数公式为：

$$R = S \tag{5-5}$$

物种多样性指数反映植物群落的复杂程度,是物种丰富度和均匀度的函数,物种多样性指数计算公式如下：

$$H' = - \sum_{i=1}^{S} P_i \ln P_i \tag{5-6}$$

式中　P_i——样方某物种相对密度。

物种均匀度指数是指某一群落或生境中全部物种个体数目的分配状况,其反映了各物种个体数目分配的均匀程度。物种均匀度指数：

$$J = [- \sum_{i=1}^{S} (P_i \ln P_i)]/\ln S \tag{5-7}$$

式中　S——物种数目。

$$P_i = N_i/N \tag{5-8}$$

N_i 指样方中第 i 种物种的个体数,并且 $\sum_{i=1}^{S} N_i = N$,N 为样方所有物种的个体数之和。

根据以上计算公式对湿地不同植物样方植物群落结构进行分析,其计算结果见表 5-2。

表 5-2　湿地植物群落结构特征调查结果

分类	植物	多度	相对密度/%	频度/%	相对频度/%	重要值
沉水植物	狐尾藻	92	2.23	10.00	1.92	0.020
	金鱼藻	85	2.06	10.00	1.92	0.020
浮水植物	水葫芦	12	0.29	10.00	1.92	0.011
	水花生	225	5.45	10.00	1.92	0.037
	荷	66	1.60	20.00	3.85	0.027
	睡莲	186	4.51	20.00	3.85	0.042
	浮萍	6	0.15	10.00	1.92	0.010
挺水植物	鸢尾	90	2.18	10.00	1.92	0.021
	香蒲	321	7.78	70.00	13.46	0.106
	芦苇	2 199	53.30	80.00	15.38	0.343
	千屈菜	10	0.24	10.00	1.92	0.011
湿生植物	小蓬草	6	0.15	10.00	1.92	0.010
	鬼针草	128	3.10	50.00	9.62	0.064
	稗	105	2.54	30.00	5.77	0.042
	苘麻	261	6.33	40.00	7.69	0.070
	苍耳	2	0.05	20.00	3.85	0.019
	地笋	8	0.19	10.00	1.92	0.011
	红蓼	3	0.07	10.00	1.92	0.010
	马唐	60	1.45	10.00	1.92	0.017
	葎草	30	0.73	10.00	1.92	0.013

续表 5-2

分类	植物	多度	相对密度/%	频度/%	相对频度/%	重要值
乔木	旱柳	1	0.02	10.00	1.92	0.010
	柽柳	1	0.02	10.00	1.92	0.009
	杨树	2	0.05	10.00	1.92	0.010

汤河湿地共调查 10 个样方(见图 5-1),计算湿地物种丰富度指数、物种多样性指数及物种均匀度指数,计算结果见表 5-3。

表 5-3　湿地样方调查植物群落结构特征值计算结果

编号	位置	物种丰富度指数	均值	方差	物种多样性指数	均值	方差	物种均匀度指数	均值	方差
SD-01	南岸	8	5.750	2.92	0.761	0.685	0.97×10⁻³	1.627	1.356	0.07
SD-02		5			0.773			1.538		
SD-03		4			0.634			1.176		
SD-04		6			0.571			1.082		
SD-05	北岸	4	4.833	2.97	0.315	0.513	0.05	0.616	0.989	0.15
SD-06		7			0.212			0.500		
SD-07		4			0.509			0.968		
SD-08		4			0.736			1.355		
SD-09		3			0.597			0.999		
SD-10		7			0.712			1.495		

由表 5-3 可知,物种丰富度指数最大点出现在 SD-01,最大值为 8;物种多样性指数最大值出现在 SD-02,最大值为 0.773;物种均匀度指数最大值出现在 SD-01,最大值为 1.627。3 个群落结构特征值最大值均出现在水库南岸,且由表 5-3 可知,水库南岸各项特征值的均值均大于北岸。此外,在水库北岸 SD-10 位置,物种丰富度指数、物种多样性指数、物种均匀度指数出现较大值,SD-08 处物种丰富度较小,而物种多样性指数及物种均匀度指数较大。

在进行实地调查时发现汤河水库南岸已被人工改造为湿地公园,受人工扰动较大,水库岸边人工栽种了大量景观植物。而水库北岸受到人为活动扰动较小,大部分水库岸边仍然保持着天然状态下的自然风貌。根据湿地调查点位分布点可看到 SD-01~SD-04 分布在湿地南岸,SD-05~SD-10 分布在湿地北岸,且 SD-01、SD-02 位于湿地公园内部。根据湿地南北两岸植物群落结构特征可看出,湿地南岸物种丰富度指数、物种多样性指数、物种均匀度指数均值均大于湿地北岸,方差均小于湿地北岸。出现这种现象的原因主要有两个方面：一方面由于南岸湿地公园的建设，人工种植大量水生植物，尤其在点SD-01、SD-02处，使湿地植物种类增多，造成丰富度指数、物种多样性指数及物种均匀度指数增大；另一方面，由于湿地南岸调查点数量少，样本数量少，对数据的统计规律有一定的影响。

由于在湿地公园建设过程中考虑到物种多样性原则，因此在湿地公园内调查样方物种多样性、物种丰富度等指标要高于其他位置。而北岸存在部分调查点的各项指标大于湿地南岸，说明自然演替条件下的植物群落也具有复杂的植物群落结构及较高的物种多样性。但在自然条件下，无法在短期内使植物群落的物种多样性及其他指标得到较大改变，此时若人为采取一些措施，可使植物群落物种多样性功能得到一定的增强，这为改善湿地植物群落物种多样性功能提供了一定的依据。

除丰富的植物资源外，汤河湿地还为大量的动物提供了广阔的生存场所和所需的营养物质。根据相关资料，汤河湿地内有脊椎动物共有5纲30目72科254种。其中，鱼纲6目12科58种；两栖纲1目3科6种；爬行纲2目7科17种；鸟纲16目42科153种；哺乳纲5目8科20种。湿地内丰富的自然资源是高物种多样性的保障。正是由于湿地内水资源充足，营养物质较多，适合多种生物生存，因此多种动植物才能在湿地内不断繁衍。

5.1.3.2　水体纳污功能

湿地具有多种重要的生态功能，对整个流域有着极其重要的生态作用。其中，湿地的水质净化功能被广泛地应用到城市污染水体治理的相关工程中。为了解汤河湿地在水质改善方面所发挥的作用，选取湿地公园建设前后的遥感影像针对汤河湿地水体进行水色遥感解译，通过水色遥感结果判断水质在湿地公园建设前后是否发生改变。选取2014年、2019年共两期时间跨度为5年的遥感影像作为研究数据，所选影像均摄于夏秋时节无云或少云时段，时相相近、纹理清晰、色彩明亮、成像效果较好，满足研究需要。

光学遥感影像中，地物不同则其波谱特征也会有所差异，因此可以充分利用遥感数据反演和分析目标的特征光谱，达到识别地物类型的目的。水体光谱特征主要受到水质参数及水体状态的影响，与此同时外界因素也会使其产生一定变化，因此，水质遥感监测的基本原理是在尽可能降低外界干扰的前提下，利用影像中光谱信息之间的差异，反演出水体中各种物质的浓度。本次解译指标选取水体中叶绿素a（Chl-a）和固体悬浮物（TSS），通过解译了解水体中两者的浓度分布及不同时间的浓度变化。

在进行水体水质参数反演之前需要确定研究对象边界。通过遥感影像波段运算得出研究区归一化水体指数（NDWI），确定水面范围，利用ENVI软件进行水体边界矢量文件的提取，利用矢量文件将水体从遥感影像中提取出来，以减少运算量。最终针对水体进行水质参数的反演。此次水质参数反演结果如下。

1. 叶绿素a浓度变化分析

水体中叶绿素a的浓度大小是评价水体水质环境及反演水体富营养化程度的一项重要指标。在遥感影像中，纯净水体的光谱反射主要集中在蓝光和绿光波段，其他波段对其则存在一定程度的吸收，在近红外波段水体的吸收能力达到最强。因此，当水体中含有大量的浮游植物及藻类植物时，叶绿素a的浓度增加，此时近红外波段水体的吸收能力将会减弱，出现反射陡峰。本次研究利用反射率之间的差异展开水体叶绿素a浓度的反演。

反演公式如下：

$$C_{chl-a} = 4.089 \times (b_4/b_3)^2 - 0.746 \times (b_4/b_3) + 29.733 \qquad (5-9)$$

式中　C_{chl-a}——叶绿素 a 浓度，mg/m^3；

　　　　b_4——GF-1 影像的近红外波段，近红外波段用来最大程度地获取叶绿素 a 信息；

　　　　b_3——GF-1 影像的红光波段，水体和植被在该波段均具有相对较强的吸收特性。

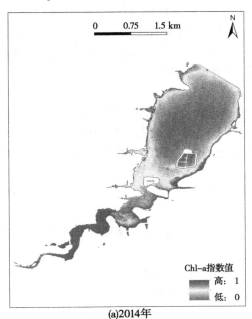
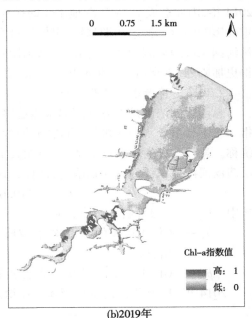

(a)2014年　　　　　　　　　　　　(b)2019年

图 5-6　2014 年、2019 年汤河湿地叶绿素 a 浓度空间分布图

如图 5-6(a)所示，2014 年汤河湿地的叶绿素 a 浓度在空间分布具有不均匀性，整体呈现出由湿地岸边向湿地中心逐渐降低的趋势。汤河湿地沿岸水体区域受到近岸人为活动的剧烈影响，归一化叶绿素 a 浓度值接近 1.0，叶绿素 a 浓度最高，随着离陆地的距离逐渐增加，水体的归一化叶绿素 a 浓度逐渐降低，湿地中心大部分区域叶绿素 a 浓度仅达到 0.1 左右。此外，汤河水库上游段，由于水域形状细长、水域面积较小、河岸带范围长，水体流动缓慢，不利于水体自净能力的发挥，归一化指数达到 0.8~1.0 水平，整体的叶绿素 a 浓度较高。

如图 5-6(b)所示，2019 年汤河湿地水体中叶绿素含量整体呈中心低边缘高的分布规律，且湿地南岸叶绿素浓度低于北岸。叶绿素 a 浓度变化较为明显，不同的叶绿素 a 浓度呈条带状分布，由南向北可划分为 4 个不同区域。第一区域位于水体中心，叶绿素 a 归一化指数值为 0.2~0.3，宽度约为 500 m；第二区域叶绿素 a 归一化指数为 0.3~0.4，宽度约为 200 m；第三区域叶绿素 a 归一化指数为 0.5~0.7，宽度为 80~100 m；第四区域叶绿素 a 归一化指数为 0.7~0.8，宽度为 70 m。由于南岸汤河国家湿地公园建设完工后，对湿地周围污水排放进行管理，因此湿地南岸水质较好，而湿地北岸为大范围的农田，农药及化肥的使用使水体中营养物质含量升高，水中藻类大量繁殖，造成叶绿素 a 浓度升高。

2019 年汤河湿地叶绿素 a 浓度分布规律基本与 2014 年相同，但与 2014 年相比，水库上游和水库靠近岸边区域的水体中叶绿素 a 浓度降低，这些区域的水体与人们生产生活联系密切,随着环保意识的增强,水体质量的好坏得到重视,且由于靠近岸边治理难度较小,治理措施取得一定成果。远离陆地区域的水体较 2014 年叶绿素 a 浓度有所上升。造成这种现象的主要原因有几个方面:一方面由于汤河国家湿地公园的建成,湿地岸边及内部种植大量水生植物,阻碍了陆地污染物进入水体的通道,且水生植物对水体中污染物进行吸收,使近岸的水体质量得到改善;另一方面,根据资料 2019 年汤阴县降水量远小于 2014 年,因此造成 2019 年湿地水体的换水周期延长,而换水周期是影响湿地水体质量的重要影响因素。换水周期越短,水体的自净能力越强,则水体的质量就越好。此外,随着汤河国家湿地公园的建设,汤河的基础设施与娱乐设施逐渐完善,汤河湿地中人为活动变得更加剧烈,人类活动产生的相应污染物也更多,因此使水体总叶绿素 a 浓度升高。

2. 固体悬浮物浓度变化分析

悬浮物的浓度是近海和湖泊水质遥感监测中一个十分重要的参数。所谓悬浮物,是指一些不易溶于水的无机物、有机物、泥沙或者微生物等组成的悬浮在水中的固体物质的统称。悬浮物种类和浓度的增加,对相关水域的生态环境造成直接影响。本书采用模型反演汤河湿地水体的悬浮物浓度,计算公式如下:

$$C_{\text{TSS}} = 119.62 \times (b_3/b_2)^{6.0823} \tag{5-10}$$

式中　C_{TSS}——悬浮物的浓度,mg/L;

　　　b_3——GF-1 影像的红光波段,波段对悬浮物表现敏感,用来获取影像中的悬浮物信息;

　　　b_2——GF-1 影像的绿波波段,悬浮物在此波段反射率较低。

2014 年、2019 年汤河湿地固体悬浮物浓度空间分布如图 5-7 所示。

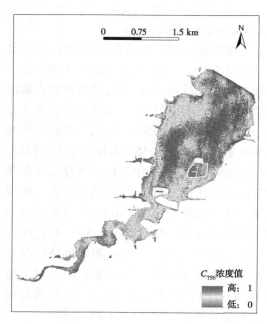
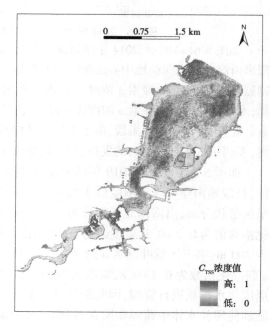

图 5-7　2014 年、2019 年汤河湿地固体悬浮物浓度空间分布图

由图 5-7(a)可以看出:2014 年汤河湿地悬浮物浓度的空间分布差异较大。汤河湿地中心区域固体悬浮物浓度远高于近岸区域,且湿地南岸悬浮物浓度要远高于湿地北岸,在湿地中心区域固体悬浮物浓度达到最大值。根据相关资料,2014 年南岸汤河国家湿地公园正处于建设过程中,因此导致南岸近岸处悬浮物浓度较高。湿地上游悬浮物浓度分布仍有差异,由上游向下游固体悬浮物浓度逐渐减少,在湿地上游入口处达到最小值。整体来看,汤河湿地在 2014 年固体悬浮物浓度在大部分区域都较高。

如图 5-7(b)所示,整体来看,湿地固体悬浮物浓度由上游到下游逐渐升高,入水口处固体悬浮物浓度较高,归一化指数为 0.7~1.0。湿地水体宽阔区域固体悬浮物浓度归一化指数水平方向上呈环状分布,由中心向两岸逐渐降低,根据分布规律可大致分为两层。第一层位于水体中心区域,固体悬浮物归一化指数为 0.7~0.9,宽度为 600~700 m;第二层位于湿地近岸区域,宽度约为 100 m,固体悬浮物归一化指数为 0.2~0.4。

2019 年悬浮物浓度整体分布特征与 2014 年基本相似,均呈现中心高、近岸低的现象,但悬浮物浓度有所下降。由图 5-7(b)所示,湿地南岸近岸处的固体悬浮物浓度下降明显,这是由于 2019 年湿地南岸已经建设完成,由于土地固化及种植植物等措施,固体悬浮物不易向湿地水体运移。此外,由于在此期间,汤河国家湿地公园建立了比较完善的湿地及生物多样性保护管理机构和体系(湿地管理局和湿地保护管理局),配置专门的湿地管理和保护人员。保护措施的实施,使得 2019 年固体悬浮物较 2014 年有较为明显的降低,以沿岸水体的治理效果最为显著,这是因为靠近岸边的区域水体治理难度小、可控性高。但整体来看,水体中固体悬浮物浓度还处于较高的水平,大部分水域固体悬浮物浓度归一化指数在 0.6 以上。

通过对以上水体参数反演结果进行分析可发现,汤河湿地水体中叶绿素 a 浓度在两次反演过程中有所上升,固体悬浮物浓度有所下降,但仍处于较高水平。造成这种现象的原因主要有两个方面:一方面,由于当地居民环保意识淡薄,上游村落存在生活污水直接向河道排泄的现象,且部分干涸的河道有大量的生活垃圾及建筑垃圾的堆放,雨季来临时固体悬浮物及其他污染物随水流向下游运移至汤河湿地,造成汤河湿地水体营养化程度较高,藻类大量生长,使水体叶绿素 a 浓度有所上升,且湿地水体固体悬浮物浓度一直处于较高水平;另一方面,由于大量污染物的输入,汤河湿地水体中污染物含量可能超过了汤河湿地生态系统水质改善功能发挥作用的阈值,湿地功能受损,无法正常发挥作用,水体中污染物含量始终处于较高水平,水质进一步恶化。

5.2　汤河湿地生态水位研究

5.2.1　对湿地生态水位的认识

通过对汤河湿地生态系统结构及功能进行调查,发现汤河湿地存在结构上的不完整及功能上的部分退化,而湿地水位与湿地生态系统的结构与功能有着密切的联系。湿地水位高于或低于湿地生态水位阈值会对湿地水生植物和湿生植物的生长及生存产生不利影响,进而使湿地物种多样性维持功能受到损害。同时,湿地水位过低会使湿地水体污染物承载上限降低,影响湿地水体纳污功能。湿地水位的变化不仅对植物物种多样性功能及湿地纳污功能有影响,同时对湿地的景观功能也有着重要影响。根据汤河湿地现有研究成果显示,汤河湿地自然、人文景观的丰富性、完整度和奇异度等较高,且有较高的历史文化价值,景观功能整体评价为优秀。湿地水位的异常变化会影响到湿地景观植物的生长及分布,使湿地景观功能受损。因此,对汤河湿地生态水位进行研究,保证汤河湿地生态系统健康发展有着较为重要的意义。

目前,生态水位概念主要着眼于湿地生态系统的结构和功能,即结构的完整性和功能的正常发挥。部分学者针对更加明确的研究目标和研究目的,基于生态系统进化和生态平衡的角度对生态水位进行定义,或针对具体的生态系统功能进行定义。但大部分文章在针对湿地生态水位进行计算前并未进行湿地生态系统结构及功能的调查,找出湿地生态系统存在的问题,因此定义相对模糊。本次针对汤河湿地进行生态水位研究,在完成对湿地生态系统结构和功能调查的基础上,找出汤河湿地生态系统存在的问题,在这些问题的基础上对湿地生态水位进行定义。

根据汤河湿地整体规划及生态系统调查,认为湿地生态水位即在湿地生态系统正常发展的前提下,使湿地生态系统结构趋于完整,使湿地生态系统受损功能逐渐恢复的一定质量的水位。

生态水位作为湿地重要的生态因子之一,应当为一范围值,即应存在最低生态水位、适宜生态水位。为维持湿地天然生态系统不严重退化所需的最低水位为湖泊最低生态水位,即当湿地短时间内保持在最低生态水位时,其生态系统能自行恢复健康状态。为维持湿地天然生态系统结构稳定所保持的水位区间为湿地适宜生态水位,即当湿地水位处于适宜生态水位上下限之间时,湿地中的关键物种(指其一旦灭绝将引起连锁反应并导致生物多样性减少和某一生态系统功能紊乱的物种)存在且能进行正常生长繁殖等生理活动。只有湿地水位处于正常生态水位范围之间,湿地生态系统功能才可以正常发挥。

5.2.2　研究方法

5.2.2.1　水文变异检验

湿地生态水位是湿地自然状态的一种体现,经过长期的演化,湿地生态系统功能结构对自然状态下水位的高低变化已经产生了适应,但频繁剧烈的人为活动和日渐突出的气候变化对天然状态下的湿地水位产生了一定的扰动,造成了水文序列数据的突变,突变前后的水文数据在均值和其他数据特征方面存在较大的差异。若忽略水文变异点的存在对整个水文序列直接进行计算,会造成较大的误差。通过对长时间序列的水文数据进行水文变异检验,可筛选出研究区水文数据突变的时间点,将整个水文序列划分为变异点前后两个不同的时间序列进行计算可提高数据计算的精确性。如果水文序列存在变异点,则变异点前后序列的总体分布不一致,不具备一致性,在计算生态水位时,只考虑变异前的水文序列;如果水文序列不存在变异点,可认为水文序列总体分布具备一致性,在计算生态水位时,则考虑整个水文序列。

水文变异的检验方法较多,目前较为常用的有 Mann-Kendall(M-K)检验法、累积平距法、滑动 T 检验法、R/S 分析法等,本次研究采用 M-K 检验法及滑动 T 检验法对水文序列进行水文变异检验。由于水文序列变异分析是为了剔除水文发生变异的年份,因此变异检验过程采用年均水位进行。

1. M-K 检验法

M-K 检验是非参数检验,不需要待检序列服从某一概率分布。气象水文数据大多是偏态且不服从同一分布,因而该检验方法在水文统计领域应用较广。Mann-Kendall(M-K)趋势检验通过计算时间序列数据的标准化变量 Z,与某一置信水平 α 下的临界变量对比,确定样本中数据是否是随机的、独立相关的。若数据变化存在一定的显著性,则同时对原时间序列的逆序列进行同样的统计量计算,使 UB(逆序列统计量)= -UF(原序列统计量),若两条曲线在置信度水平内出现交点,表明在该时间点发生突变。M-K 非参数检验不受样本值和分布类型的干扰,但是检验过程中可能出现多个突变点,需要对这些突变点进行验证。

2. 滑动 T 检验法

滑动 T 检验法的基本思想是把一个序列中两段子序列的均值有没有显著差异作为两个总体均值有无显著差异的判断标准。如果两个子序列的均值差异超过了一定的显著性水平,则认为序列发生了突变。

假定水位序列为 $x = \{x_1, x_2, x_3, \cdots, x_n\}$,设变异点为 τ。假设变异点前后两序列总体的分布函数各为 $F_1(x)$ 和 $F_2(x)$。从总体 $F_1(x)$ 和 $F_2(x)$ 中分别抽取容量为 n_1 和 n_2,构造 T 统计量为:

$$T = \frac{\overline{x_1} - \overline{x_2}}{\dfrac{(n_1 - 1) S_1^2 + (n_2 - 1) S_2^2}{n_1 + n_2 - 2} \left(\dfrac{1}{n_1} + \dfrac{1}{n_2} \right)^{\frac{1}{2}}} \quad (5-11)$$

式中 $\overline{x_i}$、S_i——样本的均值和标准方差。

在信度水平 α 的情况下,当 $|T| > t_{\alpha/2}$ 时,即说明该序列存在显著差异;当 $|T| \leqslant t_{\alpha/2}$ 时,该序列不存在显著差异。对于满足 $|T| > t_{\alpha/2}$ 的所有可能的点 τ,选择使 T 统计量达到最大值的点 τ,则该点为所求的最可能变异点。

5.2.2.2 生态水位计算方法

1. 计算方法选取依据

由于汤河国家湿地公园于 2018 年修建完成,对于湿地植物种类、产量、长势的年际变化监测较少,缺少详细的、长期的生物指标监测资料,因此无法选取需要大量生态指标资料对生态水位进行计算的方法。

相较于湿地最低生态水位,关于湿地适宜生态水位的研究略显不足。国内外众多学者认为最低生态水位对湿地保护及生态修复方面具有更大的价值,认为当湿地水位低于最低生态水位时湿地生态系统就会出现较为严重的生态问题。实际上,湿地适宜生态水位作为湿地生态系统健康发展的水位特征值,同样具有重要的研究意义。适宜生态水位是指湿地生态系统维持结构完整及功能正常的最佳水位。在适宜生态水位下,湿地生态系统各项功能均能正常发挥作用,且湿地生态系统结构向更加稳定的方向进行演化。因此,针对湿地生态水位进行研究时,同时考虑湿地最低生态水位及适宜生态水位更加完整。在生态水位计算方法选取时,应选取可计算最低生态水位及适宜生态水位的方法。

2. 生态水位计算方法

根据本次研究对湿地生态水位的定义,从多种湿地生态水位计算方法中选取IHA-RVA 法及生态水位法对汤河湿地生态水位进行计算。

1)IHA-RVA 法

IHA-RVA 法不仅可针对适宜生态水位进行计算,而且考虑年内的水位变化过程,考虑较为全面且计算方法较为科学。湿地水文过程具有周期性变化规律,并伴随着相应的生态系统响应与特定的生态作用。湿地水生生物的生命史已经适应湿地的天然水文情势,湿地生态系统处于相对平衡状态。天然最小月均水位能够满足湿地基本生态环境功能、水生生物生存及群落结构对水量的基本需求,天然适宜生态水位为能够保持湿地生态系统结构稳定的适宜水位。然而,由各月最小月均水位和各月适宜生态水位构成的年内过程不能很好地反映出河流的水文特征,而湿地多年月均水位过程能够更好地反映出湿地历史水文情势变化特征。因此,本书研究认为湿地生态水位计算方法应该基于湿地天然径流过程的自身特征来进行确定与量化水文指标,并结合多年条件下的同期平均径流进行生态水位计算,即基于长时间序列的天然月均水位资料,选取多年年均水位与年内各月最小月均水位的年均值这两个典型的水文特征变量确定与量化关键水文指标——同期均值比,并结合典型年水位过程或多年平均水位过程进行湿地内生态标准水位的年内过程计算。

计算过程中选取各月经验频率 $P=75\%$ 作为该月水位的下限特征值。由于小于该水位的值与湿地实际天然状态下月水位均值偏差较大,不能较好地代表各月的水位变化情况。因此,在计算过程中,各月最小水位采用各月水位经验频率值 $P=75\%$ 作为各月水位变化的下限,即各月的最低水位。首先,根据水文变异的计算结果,运用突变前后的天然水位资料,分别计算多年平均水位和最小年均水位;其次,利用多年年均水位和最小年均水位,计算各水文断面的同期均值比;然后,分析历史湖泊天然水位过程,利用历史水位资料构建多年月平均水位的年内过程,结合同等比例缩放的原理进行湖泊生态水位计算,得到各控制断面的最小生态水位年内过程。计算公式如下:

$$
\begin{cases}
\overline{Z} = \dfrac{1}{12}\sum_{i=1}^{12}\overline{z}_i \\[2mm]
\overline{Z}_{\min} = \dfrac{1}{12}\sum_{i=1}^{12}z_{\min(i)} \\[2mm]
\eta = \dfrac{\overline{Z}_{\min}}{\overline{Z}} \\[2mm]
Z_i = \overline{z}_i \times \eta
\end{cases}
\tag{5-12}
$$

其中

$$
\overline{z}_i = \frac{1}{n}\sum_{j=1}^{n}\overline{z}_{ij} \tag{5-13}
$$

$$
z_{\min(i)} = \min(\overline{z}_{ij}),\ j = 1,2\cdots,n \tag{5-14}
$$

式中　$\bar{Z}$——多年年均水位；

　　　$\bar{Z}_{\min}$——最小年均水位；

　　　$\bar{z}_i$——第 i 个月的多年平均水位；

　　　$z_{\min(i)}$——第 i 个月的多年最低水位，即该月经验频率为 $P=75\%$ 时对应的水位值；

　　　$\bar{z}_{ij}$——第 j 年第 i 个月的月均水位；

　　　n——统计年数；

　　　η——同期均值比；

　　　z_i——各月的最低生态水位。

最终湿地最低生态水位采用丰水期最低生态水位、枯水期最低生态水位分别进行表征。丰（枯）水期最低生态水位为丰（枯）水期每月最低生态水位平均值。

在计算最小生态水位过程的基础上，采用 IHA-RVA 法计算湖泊适宜生态水位，其计算原理考虑到湖泊适宜生态水位变动范围不应超过天然可变范围（RVA 阈值），这样才能够维持湖泊健康生态系统。RVA 阈值描述水位过程线的可变范围，也即天然生态系统可以承受的变化范围，这为估算湖泊生态水位系列提供了参考。本次研究以频率为 25% 作为上限水位的年均值作为适宜年均水位（等同于最小生态水位计算公式中的最小年均水位），由于经过长时间的发展，湿地生态系统已对天然状态下湿地水位波动产生了适应性。根据水文频率统计规律，当经验频率 $P=25\%$ 时，所指示的水位可作为该月出现的高低水平在 75% 的水位，大于此水位的值与湿地天然水位月均值偏差较大，不具有代表性。因此，选取经验频率 $P=25\%$ 所指示的水位作为本月适宜生态水位进行计算。基于长时间序列的天然日均水位资料，选取多年年均水位和适宜年均水位这两个典型的水文特征变量进行确定与量化关键水文指标——同期均值比，并结合多年平均水位过程进行湖泊内适宜生态水位的年内过程计算，计算步骤与式（5-12）类似。

2）生态水位法

生态水位法实质上是生态学和水文学相结合的一种方法，与部分学者提出的生态水文法并不冲突。生态水文法是一种宽泛的提法，其水文参数可以是水量、流速、水位等。而生态水位法根据湿地自身的特点，采用水位作为水文参数，将生态水文法进一步细化和实用化。生态水位法主要从湿地的水文条件出发，通过对其长序列的水文资料分析，寻求该湿地较适宜的水文条件（一般指多年来频率出现较高、较适宜湿地的水位），然后与生态环境状况进行对照分析。如果生态环境状况也相应较好，则可认为该湿地已经适应了其水文条件，并形成了一个动态的生态平衡，此时水位可以近似认为是其多年平均理想生态水位标准；如果生态环境状况较差，并在水量减少的情况下不断恶化，则近似认为是其最小生态水位标准（这里的好坏是相对概念，指在研究年限里的相对比较；由于湿地更多采用水位资料，最后可根据水量和水位的对应关系转化为需水量）。生态水位法是对水文和生态资料进行定性和定量分析，并将其应用到生态环境需水量计算的一种方法。

首先是高频水位的确定，通过制作水位频率直方图来确定不同水位出现的频率状况。在进行水位频率分布直方图绘制时，应根据水文条件差异进行分阶段的绘制，确定在不同水文条件下水位的分布状况。其次，根据频率分布状况，对高频水位年份进行分析，依据湿地生态系统状况选取可保证生态系统健康发展的水位保证率,确定湿地生态水位系数。在确定生态水位系数时需计算湿地最低生态水位系数及适宜生态水位系数,以确定湿地生态水位变化范围。生态水位系数计算采用以下公式:

$$\delta_{\min} = \overline{L}_{i\min} / \overline{L} \qquad (5\text{-}15)$$

$$\overline{L}_{i\min} = \sum_{i=1}^{12} L_{i\min} / 12 \qquad (5\text{-}16)$$

$$\overline{L} = \sum_{i=1}^{12} \overline{L}_i \qquad (5\text{-}17)$$

$$\delta_{\max} = \overline{L}_{i\max} / \overline{L} \qquad (5\text{-}18)$$

$$\overline{L}_{i\max} = \sum_{i=1}^{12} L_{i\max} / 12 \qquad (5\text{-}19)$$

式中　$\delta_{\min}$——最小生态水位系数;

$\overline{L}_{i\min}$——各月最小水位均值;

$\overline{L}$——年平均水位;

$\overline{L}_{i\min}$——各月最小水位;

$\overline{L}_i$——各月平均水位;

$\overline{L}_{\min}$——各月月均最小水位;

$\delta_{\max}$——适宜生态水位系数;

$\overline{L}_{i\max}$——各月适宜水位均值;

$L_{i\max}$——各月适宜水位,为高频水位年中各月水位经验频率曲线上频率 $P=25\%$ 处的水位。

通过水位频率分布直方图确定高频水位所在年份,选取频率最高的水位范围所在年份,对各月制作累计频率曲线,以确定各月适宜水位。最终计算最低生态水位系数及适宜生态水位系数,根据生态水位系数求各月生态水位,计算公式如下:

$$L_{\min} = \overline{L}_i \times \delta_{\min} \qquad (5\text{-}20)$$

$$L_{\max} = \overline{L}_i \times \delta_{\max} \qquad (5\text{-}21)$$

根据汤河气候特点,按照丰水期(4—9 月)、枯水期(10 月至次年 3 月)对汤河湿地生态水位进行刻画。

5.2.3　数据处理

5.2.3.1　数据来源

本次汤河湿地生态水位计算主要依赖汤河水库水位资料进行。汤河水库始建于1958 年,本次计算数据来源为汤河水库 1960—2019 年水位资料。由于所获取 1960—2019 年水位资料并不连续,缺失 1961 年、1963 年及 1966 年水位资料,因此剔除之前不连续的水文序列,选择 1967—2019 年水位数据进行分析。

5.2.3.2　水文变异分析

水文序列变异分析之前首先对水位数据进行显著性检验,显著性检验通过 SPSS 数据分析软件进行,检验结果见表 5-4。

表 5-4　水位数据单样本 T 检验结果

t 值	自由度	显著性(双尾)	平均值差值	差值 95% 置信区间	
				下限	上限
203.456	52	0.000	110.38	109.29	111.47

　　根据显著性检验结果显示水位数据显著性 $P<0.01$,说明长期水位序列通过了 99% 置信度水平上的显著性检验,因此在进行 M-K 检验及滑动 T 检验时显著性水平均取 0.01 显著水平(上下限分别为 ±2.58)。

　　本次水位序列变异分析借助 MATLAB 对水位数据进行分析,并绘制统计量图像(见图 5-8)。

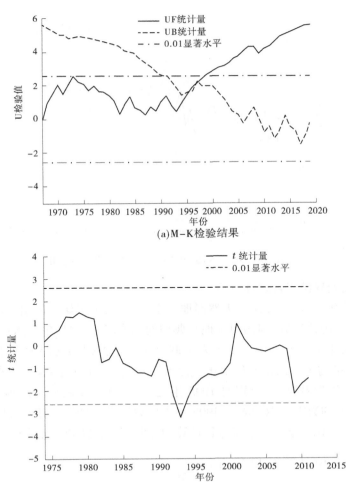

(a)M-K 检验结果

(b)滑动 T 检验结果

图 5-8　水文序列变异分析结果

　　由水位突变分析图像可判断水位序列出现变异年份,判断结果见表 5-5。

表 5-5　汤河水库年均水位突变统计结果

检验方法	突变年份	水位变异点
M-K 变异检验	1995 年、1996 年、1997 年	1995 年
滑动 T 检验	1994 年	

　　根据统计结果,汤河水库水位序列突变年份为 1995 年。利用汤河水库多年年均水位变化情况对变异结果进行检验(见图 5-9)。由图 5-9 可知在 1995 年之后,汤河水库年均水位明显升高。根据计算,1995 年之前水库多年平均水位为 109.93 m,1995 年之后水库多年平均水位为 112.75 m,因此将汤河水库水位突变年份定在 1995 年。

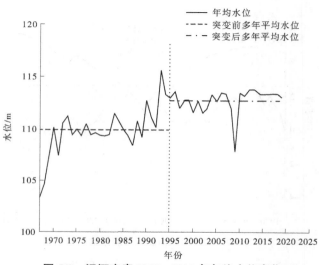

图 5-9　汤河水库 1967—2019 年年均水位变化

5.2.3.3　水文变异结果合理性分析

　　王泓翔、黄兵、梁婕等在研究天然湿地生态水位时,为了研究的精确性,均选择突变点之前的水文序列进行计算,但汤河湿地是典型的湖库湿地,湿地生态水位直接受水库水位影响,因此自从建库以来水位均受到人工调节影响。根据汤河湿地多年水位变化情况,1995 年前后年平均水位出现明显变化。为了探究变异点前后湿地生态水位变化情况,本次研究以 1995 年为界限点,分别对 1995 年之前和 1995 年之后的湿地生态水位进行计算。变异点之前的数据选取 1967—1995 年水位数据进行计算,时间跨度为 29 年;变异点之后选取 1996—2019 年水位数据进行计算,时间跨度为 24 年(见图 5-9)。

5.2.4　生态水位计算结果分析

5.2.4.1　IHA-RVA 法

　　1. 变异点前(1967—1995 年)生态水位计算结果

　　根据多年各月平均水位及多年各月最低水位,按照式(5-12)~式(5-14)可计算多年年均水位及各月最小年均水位,通过计算可得最低生态水位所对应的同期均值比,进而计算湿地最低生态水位;对各月水位过程做经验累计频率曲线,取各月频率为25%水位值作为水位变化过程的上限。各月频率25%处水位平均值作为适宜年均生态水位,求适宜生态水位同期均值比。计算结果见表5-6。

表 5-6　汤河水库 1967—1995 年水文变化指标计算结果

月份	各月多年平均水位/m	多年平均水位/m	各月多年最低水位/m	多年最低年均水位/m	各月多年适宜水位/m	多年平均适宜水位/m	最低生态水位同期均值比/%	适宜生态水位同期均值比/%
1	110.86		109.18		112.41			
2	111.41		109.72		112.97			
3	110.68		109.00		112.23			
4	109.62		107.96		111.16			
5	108.16		106.52		109.67			
6	107.15	109.93	105.53	108.27	108.65	111.47	98.48	101.40
7	107.15		105.53		108.65			
8	109.28		107.62		110.80			
9	110.48		108.80		112.02			
10	112.13		110.43		113.70			
11	111.22		109.53		112.77			
12	111.08		109.39		112.63			

由表5-6可知,汤河湿地最低生态水位同期均值比为98.48%,适宜生态水位同期均值比为101.40%,最低生态水位及适宜生态水位年内变化过程均接近多年平均水位过程。汤河湿地年内水位变化幅度较大,低水位集中在6月、7月,高水位集中在10月和2月,水位变幅约为4.98 m。这是由于汤河水库在雨季来临前需降低水库水位为即将来临的雨季留出一定的库容;雨季过后,枯水期即将来临,以较高的水位应对枯水期,可对下游进行调控,因此在降水较为丰沛的6月、7月汤河湿地水位较低,而降水较少的10月、2月水位较高。根据袁赛波针对长江中下游水位波动规律的研究,汤河水库水位波动类型属于反季节型波动,即夏季水位低,春季及冬季水位高。

根据天然水位月均值及最低生态水位和适宜生态水位的同期均值比计算各月生态水位进程,并计算各月最低生态水位和适宜生态水位波动幅度,计算结果见表5-7。绘制年内生态水位变化曲线,见图5-10。

表 5-7　汤河湿地 1967—1995 年各月生态水位计算结果

分类月份	1月	2月	3月	4月	5月	6月	7月	8月	9月	10月	11月	12月
最低生态水位/m	109.18	109.72	109.00	107.96	106.52	105.53	105.53	107.62	108.80	110.43	109.53	109.39
适宜生态水位/m	112.41	112.97	112.23	111.16	109.67	108.65	108.65	110.80	112.02	113.70	112.77	112.63
水位波动幅度/m	3.23	3.25	3.23	3.20	3.15	3.12	3.12	3.19	3.22	3.27	3.24	3.24

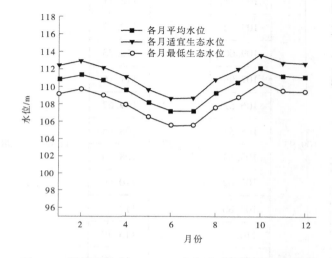

图 5-10　汤河湿地 1967—1995 年年内生态水位变化过程

由于计算过程以天然月均水位为基础进行,因此最低生态水位及适宜生态水位变化趋势与天然月均水位相同。

由图 5-10 可看出,由变异点前水位数据计算得到的各月最低生态水位及各月适宜生态水位与湿地月均水位相近,各月适宜生态水位高于湿地月均水位,各月最低生态水位低于湿地月均水位。各月适宜生态水位与各月最低生态水位的波动幅度为 3.12~3.27 m,且 4—9 月水位波动幅度小于 10 月至次年 3 月水位波动幅度。

2. 变异点之后(1996—2019 年)生态水位计算结果分析

取变异点之后(1996—2019 年)水位数据进行生态水位计算。按照式(5-12)~式(5-14)计算各月最低生态水位、各月适宜生态水位及相应的同期均值比,计算原理与变异点前计算原理相同。计算所得结果见表 5-8。

由计算结果可知,汤河湿地最低生态水位同期均值比为 99.88%,适宜生态水位同期均值比为 100.76%。各年最低生态水位与各年平均水位极为接近。根据同期均值比计算结果计算各月最低生态水位、各月适宜生态水位,计算结果见表 5-9。绘制年内生态水位变化曲线,见图 5-11。

表 5-8　汤河湿地 1996—2019 年水位变化指标计算结果

月份	各月多年平均水位/m	多年平均水位/m	各月多年最低水位/m	多年最低年均水位/m	各月多年适宜水位/m	多年平均适宜水位/m	最低生态水位同期均值比/%	适宜生态水位同期均值比/%
1	113.05		112.91		113.91			
2	113.24		113.10		114.10			
3	112.95		112.81		113.81			
4	112.45		112.31		113.31			
5	112.05		111.91		112.90			
6	111.67	112.75	111.53	112.61	112.52	113.61	99.88	100.76
7	111.97		111.84		112.82			
8	112.72		112.58		113.57			
9	113.19		113.05		114.05			
10	113.42		113.28		114.28			
11	113.18		113.04		114.04			
12	113.10		112.96		113.96			

表 5-9　汤河湿地 1996—2019 年各月生态水位计算结果

分类	1 月	2 月	3 月	4 月	5 月	6 月	7 月	8 月	9 月	10 月	11 月	12 月
最低生态水位/m	112.91	113.10	112.81	112.31	111.91	111.53	111.84	112.58	113.05	113.28	113.04	112.96
适宜生态水位/m	113.91	114.10	113.81	113.31	112.90	112.52	112.82	113.57	114.05	114.28	114.04	113.96
水位波动幅度/m	1.00	1.00	1.00	0.99	0.99	0.99	0.99	0.99	1.00	1.00	1.00	1.00

由表 5-9 可知，由变异点后湿地水位序列计算得到的最低生态水位与适宜生态水位较为接近，水位波动幅度较小，全年水位波动幅度在 0.99~1 m。其中 4—8 月水位波动幅度均为 0.99 m，1—3 月、9—12 月水位波动幅度为 1 m。

由图 5-11 可知，湿地最低生态水位与湿地月均水位极为接近，年内水位变化过程线几乎重合，相较之下湿地适宜生态水位与湿地月均水位偏差较大。

5.2.4.2　生态水位法

依据前文水文变异分析结果，依旧对变异点前、后分别进行分析。根据变异点前、后水位数据绘制水位频率分布直方图。由于所划分的每一个水位范围区间都是相等的，因此以频数代表频率进行绘制。绘制过程中，将水位均分 12 个区间，绘制结果见图 5-12。

由图 5-12 可看出，变异点前高频水位集中在 109~110 m 和 110~111 m，频数分别为 10 和 7；变异点后的高频水位集中在 113~113.5 m、111.5~112 m，频数分别为 10 和 5，其次为 112.5~113 m 和 113.5~114 m，频数均为 4。出现高频水位的年份见表 5-10。

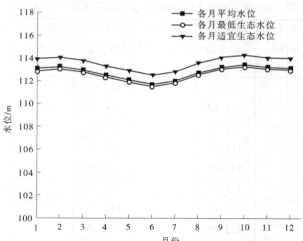

图 5-11　汤河湿地 1996—2019 年年内生态水位变化过程

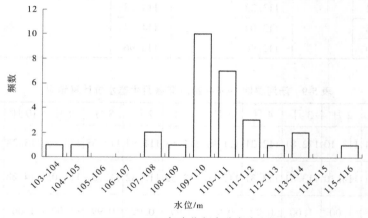

(a)1967—1995年水位频率分布直方图

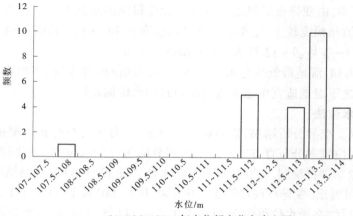

(b)1996—2019年水位频率分布直方图

图 5-12　汤河湿地变异点前、后水位频率分布直方图

表 5-10　汤河湿地水位频率分布

变异点前			变异点后		
年份	水位范围/m	频数	年份	水位范围/m	频数
1972—1981	109~110	10	2006—2015	113~113.5	10
1982—1988	110~111	7	1997—2001	111.5~112	5

　　计算汤河湿地生态水位时,选取频率最高的水位区间所对应的年份进行计算,因此变异点之前选取 1972—1981 年 10 年的水位数据进行计算,变异点之后选取 2006—2015 年 10 年的水位数据进行计算。根据式(5-15)~式(5-19)对生态水位系数进行计算。计算结果见表 5-11。

表 5-11　汤河湿地生态水位系数计算

时期	最低水位均值/m	适宜水位均值/m	年均水位/m	最低生态水位系数	适宜生态水位系数
变异点前 (1972—1981 年)	107.37	112.61	109.92	0.98	1.02
变异点后 (2006—2015 年)	106.59	113.93	112.77	0.95	1.01

　　根据生态水位系数计算结果,按照式(5-12)~式(5-14)及式(5-20)、式(5-21)计算各月最低生态水位及适宜生态水位,计算结果见表 5-12。

表 5-12　汤河湿地各月生态水位计算结果　　　　　　　单位:m

月份	变异点前(1972—1981 年)		变异点后(2006—2015 年)	
	最低生态水位	适宜生态水位	最低生态水位	适宜生态水位
1	109.98	113.91	112.88	113.71
2	111.03	114.99	113.04	113.88
3	110.30	114.24	113.03	113.87
4	108.88	112.77	112.67	113.51
5	107.03	110.85	112.57	113.40
6	105.68	109.45	112.27	113.10
7	106.52	110.33	112.18	113.01
8	108.38	112.25	112.88	113.71
9	109.02	112.92	113.52	114.36
10	109.21	113.11	113.52	114.36
11	109.49	113.40	113.15	113.98
12	109.25	113.16	113.09	113.93

　　根据生态水位计算结果绘制水位年内变化曲线,结果见图5-13。

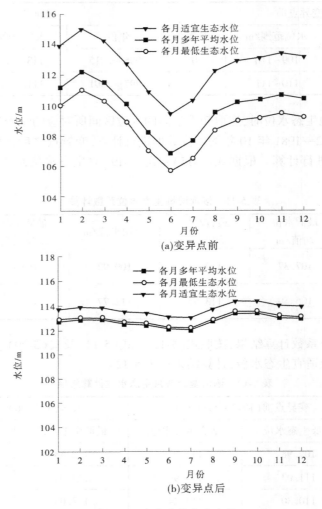

(a)变异点前

(b)变异点后

图 5-13　生态水位年内变化

　　由图5-13可知,变异点前湿地生态水位波动幅度较大,变异点后湿地生态水位波动幅度明显小于变异点前。变异点前湿地各月最低生态水位与湿地各月水位均值差别较小,适宜生态水位与湿地水位均值差别较大,且湿地最低生态水位年内水位变化过程线低于湿地水位均值。变异点后湿地最低生态水位高于湿地水位均值,但差值较小,年内水位变化过程线几乎重合。

　　根据各月湿地生态水位变化情况计算湿地生态水位波动幅度,计算结果见表5-13。

　　由表5-13可知,变异点前湿地生态水位波动幅度在3.77~3.97 m,其中4—9月生态水位波动幅度均小于3.90 m,1—3月、10—12月水位波动幅度大于或等于3.90 m。变异点后生态水位计算结果显示,生态水位波动幅度较小,在0.83~0.84 m变化,且与变异点之前相同,4—9月生态水位变化幅度要小于其他时间。

表 5-13　变异点前、后生态水位波动幅度计算结果　　　　　单位:m

分类		1月	2月	3月	4月	5月	6月	7月	8月	9月	10月	11月	12月
变异点前	最低生态水位	109.98	113.91	109.98	113.91	109.98	113.91	109.98	113.91	109.98	113.91	109.98	113.91
	适宜生态水位	111.03	114.99	111.03	114.99	111.03	114.99	111.03	114.99	111.03	114.99	111.03	114.99
	水位波动幅度	3.93	3.97	3.94	3.89	3.82	3.77	3.80	3.87	3.89	3.90	3.91	3.90
变异点后	最低生态水位	112.88	113.71	112.88	113.71	112.88	113.71	112.88	113.71	112.88	113.71	112.88	113.71
	适宜生态水位	113.04	113.88	113.04	113.88	113.04	113.88	113.04	113.88	113.04	113.88	113.04	113.88
	水位波动幅度	0.83	0.84	0.84	0.83	0.83	0.83	0.83	0.83	0.84	0.84	0.84	0.84

5.2.4.3　生态水位确定

根据汤河湿地水文变异前后湿地生态水位计算结果显示,变异点前湿地最低生态水位和适宜生态水位波动幅度较大,变异点后生态水位波动幅度较小,且变异点前后生态水位在4—9月波动幅度均小于1—3月、10—12月生态水位波动幅度。IHA/RVA 法生态水位计算结果显示变异点前生态水位波动幅度在 3.12~3.27 m,变异点之后生态水位波动幅度在 0.99~1 m。生态水位法生态水位计算结果显示变异点前生态水位波动幅度为3.77~3.97 m,变异点后生态水位波动幅度为 0.83~0.84 m。水位波动幅度对湿地植物的物种多样性功能有较大的影响。研究表明,水位波动幅度在中等波幅(约 5 m)时水生植物物种多样性达最高,波动幅度较小时水生植物物种多样性不高。因此,考虑到汤河湿地水生植物物种多样性因素,选择变异点前水位序列生态水位计算结果作为汤河湿地生态水位范围。

IHA-RVA 法计算生态水位时以长时间水位序列数据为基础,计算过程中考虑到湿地生态系统经过长期演化对湿地水位变化的适应情况,在计算前对长时间水文序列进行变异分析检验,将长期的水位序列划分为变异前、后的水文序列,去除水文变异对计算结果的影响,使计算结果更加科学。而生态水位法在水文变异检验的基础上,通过水文频率直方图对检验后的水位进行再一次的筛选,选出高频水位进行生态水位的计算。但对汤河湿地生态水位计算过程来说,经过两次筛选后所用于计算的水文序列只有 10 年,时间跨度相对较短,样本数量较小易造成较大的误差,对计算结果的准确性有一定的影响,不能很好地代表湿地长期的水文变化。

　　为了解汤河湿地河岸带植物分布高程,针对汤河湿地 DEM 数字高程数据进行分析,
分析结果见图 5-14。

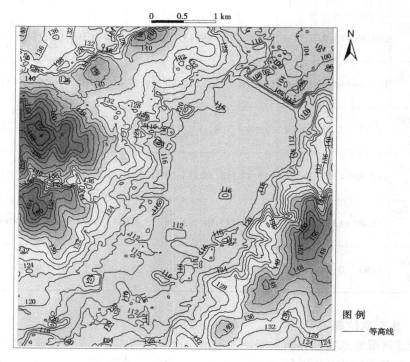

图 5-14　汤河湿地高程分布图

　　由图 5-14 可知,汤河河岸带最低高程为 112 m。芦苇为汤河湿地典型水生植物,在汤
河湿地大量分布。根据相关研究,芦苇的重要生长期位于一年中的 4—9 月,与研究区丰
水期时间点相同。芦苇各生长期的适宜水深分别为:芦苇出苗期(4—5 月)的适宜水深为
23.40~83.60 cm;芦苇营养生长期(6—7 月)的适宜水深为 18.06~102.78 cm;芦苇生殖
生长期(8—9 月)的适宜水深为 33.26~124.70 cm。根据汤河湿地岸带高程及芦苇各生
长期适宜水深,汤河湿地芦苇各生长期适宜水位见表 5-14。

表 5-14　汤河湿地芦苇各生长期适宜水位

生长期	出苗期 (4—5 月)	营养生长期 (6—7 月)	生殖生长期 (8—9 月)	休眠期 (10—12 月)
适宜水位/m	112.23~112.84	112.18~113.03	112.33~113.25	112.42~113.16

　　由汤河湿地典型水生植物——芦苇的各生长期的适宜水位与 IHA-RVA 法和生态水
位法生态水位计算结果对比可知,IHA-RVA 法水文变异点前计算湿地适宜生态水位与
芦苇的生长期水位接近,而生态水位法计算适宜生态水位高出芦苇生长期的水位。因此,
本次汤河湿地生态水位选取 IHA-RVA 法水文变异点前计算结果,即最低生态水位为
105.33~110.53 m,适宜生态水位为 108.65~112.97 m。

5.2.4.4　汤河湿地天然水位变化情况

　　湿地水生植物包括挺水植物、浮叶植物、沉水植物等,其生长期均分布在 4—9 月,因此将汤河湿地 1967—1995 年水生植物生长期水位资料与计算所得生态水位进行对比可得(见图 5-15):在 1967—1995 年的 29 年中,在 1967 年、1968 年、1969 年及 1971 年等 4 个年份出现生长期水位均值低于湿地最低生态水位均值,在 1983 年、1990 年、1991 年、1993 年、1994 年及 1995 年出现生长期水位均值高于湿地适宜生态水位均值。

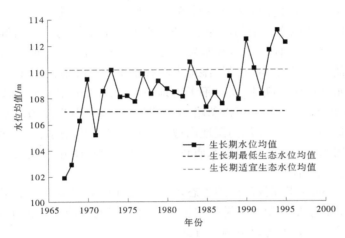

图 5-15　1965—1995 年水生植物生长期水位变化情况

　　通过以上比较可知,汤河湿地在 29 年中有 10 年出现水位超出湿地适宜生态水位范围的现象。当水位超出湿地适宜生态水位时,湿地岸边植物的生长就会受到抑制,而当水位长期处于适宜生态水位之上时,湿地生态系统的结构及功能必定会受到影响。因此,针对湿地进行生态调控使湿地水位处于生态水位范围内是必不可少的环节,本书将在下节对汤河湿地生态调控进行详细的阐述。

5.3　汤河湿地生态水位调控方案

5.3.1　调控目标及基本思路

5.3.1.1　调控目标

　　根据本章 5.1 节、5.2 节对汤河湿地生态系统结构与功能的定性讨论,以及对湿地生态水位的定量化计算,可确定汤河湿地生态水位范围。当湿地水位低于或超出生态水位正常范围时,就会对湿地生态系统产生一定的危害,而当湿地水位长期处于异常水位时,就会造成湿地生态系统结构及功能的损伤。因此,针对湿地水位进行调控使汤河湿地水位处于生态水位之间具有重要的意义。

　　本次调控拟依据汤河湿地上游补水、湿地排水、湿地周围用水 3 个部分及湿地生态水位阈值,以水量平衡为调控基础,以维持湿地水位在湿地正常生态水位范围内,维持湿地生态系统结构及功能的正常为调控目标,通过调节下游排水调节汤河湿地水位。

5.3.1.2　生态水位调控基本思路

基于湿地生态水位的湿地生态调控应以湿地生态系统保护为主要目标,将已确定的生态水位与湿地生态系统维持健康的实际需求结合起来,利用现有的水利设施调控湿地各项用水,对湿地水位进行生态调控。根据前文针对湿地水生植物的研究表明,水生植物的重要生长期在4—9月,与汤阴县丰水期时间点相吻合,因此在调控过程中按照丰水期(4—9月)、枯水期(1—3月、10—12月)对汤河湿地进行生态调控。

汤河湿地中的水体以水库中的水为主,汤河水库中的水体约占汤河湿地水体面积的97%以上,因此本次研究主体以汤河水库为主要研究对象。汤河湿地位于汤河中游,上游区域并无较大型的支流汇入,因此汤河湿地上游补水主要以降雨径流补给为主,且由于矿山开采疏排地下水造成汤河断流,所以不考虑地下水补给。根据汤河水库坝上水位站记录,汤河水库常年出库流量极小,可以忽略不计,即调控过程中假设汤河水库未向下游排水。根据汤河湿地相关资料,在汤河湿地周边不存在大中型的用水企业,因此汤河湿地不存在大量的工业用水。由于汤河湿地水质较差,且湿地中水体并未规划为居民用水水源地,因此不存在居民生活用水。

根据以上原因,同时考虑汤河湿地生态水位因素进行生态调控。由于针对汤河湿地进行调控时仅有灌溉水量及湿地下游排水量可通过一定的措施进行人工调节,此次针对汤河湿地生态调控应主要考虑以下两个方面:

(1)充分利用汤河湿地水利调节设施,通过优化调节措施,调节湿地水位使其满足湿地生态系统生态水位需求,解决汤河湿地存在的生态环境问题,且满足汤河湿地周边灌溉用水需求。

(2)可通过控制湿地周边灌溉用水量,还可通过改变从湿地引水灌溉的灌区面积或改变灌溉方式来控制湿地灌溉用水量,实现湿地生态水位的调节。

5.3.2　生态水位调控模型

生态调控的本质是针对目标问题建立数学模型,选定合适的目标变量和决策变量,建立目标函数。然后将各种限制条件加以抽象,得出决策变量应该满足的约束条件。数学模型目前的解法主要包括:线性、非线性、动态规划、遗传算法、蚁群算法、人工神经网络等。本次调控主要通过利用水利设施及控制灌溉用水等措施使湿地水位满足生态水位要求,根据汤河湿地地表水补径排关系,此次采用线性规划方式建立单目标函数,根据研究区不同状态下的补径排条件确定汤河湿地调控方案。

5.3.2.1　目标函数

本次调控以保证湿地水位最大限度的接近生态水位范围为目标:

$$Z_{\min} \leq Z_t \leq Z_{\max} \tag{5-22}$$

式中　Z_t——t时刻汤河湿地实际水位,m;

$Z_{\min}$——汤河湿地最低生态水位,m;

$Z_{\max}$——汤河湿地适宜生态水位,m。

调控过程中无法以水位为单位进行调控,多采用以水量为单位进行调控。因此,可根据汤河湿地水位与需水量相关关系制作水位–蓄水量曲线,根据水位确定湿地中相应蓄水量。因此,式(5-22)可改写为

$$Q_{\min} \leqslant Q_t \leqslant Q_{\max} \tag{5-23}$$

式中 $Q_{\min}$——最低生态水位对应的蓄水量,m^3;

$\quad\quad Q_t$——t 时段湿地实际水位对应的蓄水量,m^3;

$\quad\quad Q_{\max}$——适宜生态水位对应的蓄水量,m^3。

5.3.2.2 约束条件

1. 水量平衡约束

根据湿地地表水补径排关系建立水量平衡方程:

$$Q_t = Q_{t-1} + P_t - (I_t + G_t + S_t) \tag{5-24}$$

式中 Q_t——t 时段湿地蓄水量,m^3;

$\quad\quad Q_{t-1}$——上一时段蓄水量,m^3;

$\quad\quad P_t$——t 时段湿地上游来水量,m^3;

$\quad\quad I_t$——t 时段蒸发量,m^3;

$\quad\quad G_t$——t 时段灌溉用水量,m^3;

$\quad\quad S_t$——t 时段下游排水量,m^3。

2. 灌溉用水约束

以研究区不同灌溉保证率下的灌溉定额作为灌溉约束:

$$G_{\min} \leqslant G_t \leqslant G_{\max} \tag{5-25}$$

式中 G_t——研究区 t 时段灌溉用水量,m^3;

$\quad\quad G_{\min}$、$G_{\max}$——研究区灌溉用水上、下限,可根据不同灌溉保证率下研究区灌溉用水划定,m^3。

3. 非负约束

以上所有公式中变量均不能小于零,即

$$P_t、I_t、G_t \geqslant 0 \tag{5-26}$$

根据以上目标函数及相关的约束条件对线性规划方程进行求解,首先需要确定模型中相关参数。以上公式中 P_t、I_t 可由研究区水文气象资料获取,G_t 可根据研究区农作物灌溉定额及农作物种植面积进行估算,唯一未知变量为下游排水量 S_t,因此本次针对湿地进行生态调控的最终问题落脚在湿地下游排水量 S_t 的确定上。在对湿地下游排水量进行计算时,当 $S_t>0$ 时,说明湿地目前水位高于生态水位,需要向下游进行一定量的排水;当 $S_t<0$ 时,说明湿地目前水位低于生态水位,需要补水。

5.3.3 模型的参数确定

5.3.3.1 目标函数阈值确定

前文已对湿地生态水位进行了计算,确定了湿地丰、枯水期的生态水位,但在调控的过程中无法使用水位作为调控过程变量,在调控过程中应综合各方供水、补水的水量进行

调度,需确定生态水位范围所对应的湿地蓄水量。因此,利用长序列的水位数据与湿地蓄水量数据制作水位-库容曲线,确定一定水位下的蓄水量。

对水位及蓄水量数据利用 SPSS 软件进行多种类型曲线拟合,从中选取最优拟合结果。拟合方程类型包括线性、二次、三次、对数、复合、指数及幂函数,拟合结果见表 5-15。

表 5-15　水位-库容曲线拟合结果

方程	拟合参数		方程参数估算			
	R^2	F	常量	b_1	b_2	b_3
线性	0.990	10 497.632	−2.459	0.023		
对数	0.988	9 164.167	−12.032	2.583		
二次	0.991	12 138.440	−1.168	0	0	
三次	1.000	154 303.472	9.517	−0.139	0	$4.405×10^{-6}$
复合	0.997	36 687.341	$1.769×10^{-11}$	1.226		
幂函数	0.998	48 170.608	$8.991×10^{-48}$	22.541		
指数	0.997	36 687.341	$1.769×10^{-11}$	0.203		

由上表可知,三次方程拟合结果最优,R^2 在保留 3 位小数的情况下约为 1,因此选取三次方程拟合水位-库容曲线,其拟合曲线见图 5-16。

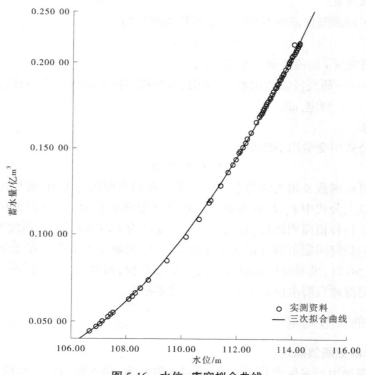

图 5-16　水位-库容拟合曲线

根据拟合结果及拟合曲线,建立水位–蓄水量拟合方程,即:

$$y = 4.405 \times 10^{-6} x^3 - 0.139x + 9.517 \tag{5-27}$$

式中　y——水库蓄水量,为因变量,亿 m^3;

　　　x——湿地水位,为自变量,m。

根据拟合方程确定湿地生态水位对应的湿地蓄水量,计算结果见表 5-16。

表 5-16　湿地蓄水量约束阈值计算结果

时期	变量范围	生态水位/m	蓄水量/亿 m^3
丰水期	最低	106.99	0.040
	适宜	110.16	0.093
枯水期	最低	109.54	0.081
	适宜	112.79	0.160

因此,可根据湿地水位–蓄水量曲线计算得湿地生态调控过程中蓄水量约束的上下限值:丰水期湿地蓄水量范围为 0.040 亿~0.093 亿 m^3,枯水期湿地蓄水量范围为 0.081 亿~0.160 亿 m^3。

5.3.3.2　灌溉用水约束阈值确定

本次采用湿地周围不同农作物种植面积与不同农作物灌溉定额之积作为湿地灌溉用水量。根据野外实际调查及相关资料,汤河灌区农作物以夏玉米和冬小麦为主,零星分布有其他农作物,因此在计算过程中忽略其他农作物。根据河南省地方标准《工业与城镇生活用水定额》(DB41/T 385—2014),豫北地区小麦及玉米在不同灌溉保证率下的灌溉定额见表 5-17。

表 5-17　不同农作物灌溉用水定额

作物名称	灌溉保证率	定额单位	灌溉定额	说明
小麦	75%	m^3/hm^2	2 400	冬灌、孕穗、抽穗
	50%	m^3/hm^2	1 800	孕穗、抽穗
玉米	75%	m^3/hm^2	1 350	拔节、抽雄
	50%	m^3/hm^2	675	拔节

注:灌溉保证率 50%指一般年份灌水量,75%指偏旱年灌水量。

冬小麦 9 月下旬至 10 月上旬进行播种,11 月底至 3 月初为越冬–返青期,4 月为拔节–孕穗期,4 月下旬至 5 月上旬为抽穗期,5 月中下旬为开花–灌浆期,于 6 月上旬成熟。在对冬小麦进行灌溉时,关键期为 12 月至次年 1 月中下旬和 3 月中下旬,进行冬小麦的冬灌和春灌,为小麦的丰产打好基础。因此,冬小麦的灌溉主要集中在枯水期,仅在 4 月、5 月小麦孕穗、抽穗时进行少量的灌溉。夏玉米整个生长关键期为 6 月下旬和 7 月中下旬,作物进行拔节和抽雄期间需要大量水分,且随着温度升高,蒸发及蒸腾作用加强,在此期间需要加大灌溉强度,其他时期不需要大量灌溉,基本整个灌溉周期均处于丰水期内(见表 5-18)。

表 5-18　不同作物生长灌溉时期

作物	灌溉时间	生长期	时间
小麦	冬灌	越冬	12 月中旬至 1 月中旬
		返青	2 月下旬至 3 月上旬
	春灌	孕穗	4 月下旬
		抽穗	4 月下旬至 5 月上旬
玉米	夏灌	播种	6 月上旬
		拔节	6 月中下旬
		抽雄	6 月中下旬至 7 月中旬

根据作物生长习性及不同作物灌溉定额对小麦及玉米在丰水期和枯水期内的灌溉量进行推算,推算过程中将小麦灌溉定额按照丰水期:枯水期=1:2进行划分,玉米全年灌溉定额按照丰水期:枯水期=3:1进行划分。根据相关资料,研究区属典型的小麦-玉米轮作区,即小麦和玉米的生长面积基本相同。根据研究区域 3 个典型年土地利用遥感解译获取研究区耕地面积,可计算研究区不同时期不同农作物灌溉用水量,计算结果见表 5-19。

表 5-19　研究区农作物丰枯水期灌溉用水量

典型年	作物	灌溉保证率/%	丰水期灌溉定额/(m^3/hm^2)	枯水期灌溉定额/(m^3/hm^2)	灌溉面积/hm^2	灌溉用水量/m^3 丰水期	枯水期
1990	小麦	75	800	1 600	853.27	$6.83×10^5$	$1.37×10^6$
		50	600	1200		$5.12×10^5$	$1.02×10^6$
	玉米	75	1 012.5	337.5		$8.64×10^5$	$2.88×10^5$
		50	506.25	168.75		$4.32×10^5$	$1.44×10^5$
2005	小麦	75	800	1 600	1 001	$4.10×10^5$	$8.20×10^5$
		50	600	1 200		$3.07×10^5$	$6.15×10^5$
	玉米	75	1 012.5	337.5		$5.19×10^5$	$1.73×10^5$
		50	506.25	168.75		$2.59×10^5$	$8.65×10^4$
1995	小麦	75	800	1 600	512.46	$8.01×10^5$	$1.60×10^6$
		50	600	1 200		$6.01×10^5$	$1.20×10^6$
	玉米	75	1 012.5	337.5		$1.01×10^5$	$3.38×10^5$
		50	506.25	168.75		$5.07×10^5$	$1.69×10^5$

由表 5-19 可知在不同灌溉保证率下不同时期汤河湿地灌溉用水阈值,为汤河湿地水

量分配提供依据。

5.3.3.3　上游来水量及蒸发量确定

由于汤河湿地上游未设置水文站,没有水文监测资料,因此采用估算方式计算湿地上游来水量。上游来水量估算公式为

$$P_t = R_t \times A \times \alpha \tag{5-28}$$

式中　R_t——降雨量,mm;

　　　A——湿地上游汇水面积,km^2,根据相关资料,汤河湿地上游汇水面积为120.92 km^2;

　　　α——研究区降雨径流系数,根据相关学者研究,研究区降雨径流系数约为0.22。

根据汤阴气象站提供蒸发量数据估算汤河湿地蒸发量,估算公式为

$$I_t = (Y_t - R_t) \times A \tag{5-29}$$

式中　Y_t——蒸发量,mm;

　　　R_t——降雨量,mm;

　　　A——研究区面积,km^2。

针对研究区选取枯水年、平水年、丰水年,根据不同的情况进行上游来水量及蒸发量计算,对应经验频率分别为75%、50%、25%。研究区1990—2020年降雨量经验频率计算结果见表5-20。

表 5-20　汤河湿地 1990—2020 年经验频率计算结果

年份	经验频率/%	降雨量/mm	年份	经验频率/%	降雨量/mm
2000	3.13	1 020.1	2018	53.13	565.6
1998	6.25	822.7	2006	56.25	558.1
1994	9.38	807.2	1991	59.38	536.1
2016	12.50	748.1	2011	62.50	522.1
2003	15.63	744.2	2015	65.63	513.1
1993	18.75	697.9	1999	68.75	505.3
1996	21.88	688.8	2020	71.88	502.1
1990	25.00	674	1995	75.00	491.5
2014	28.13	667.7	2012	78.13	486.7
2008	31.25	666.9	2013	81.25	461.1
2007	34.38	619.7	2001	84.38	460.4
2010	37.50	605.8	1992	87.50	423.3
2017	40.63	598.5	2019	90.63	413.6
2009	43.75	596.5	2002	93.75	389.2
2004	46.88	580.3	1997	96.88	299.3
2005	50.00	574.2			

利用相关软件制作皮尔逊Ⅲ型曲线,$C_V = 0.27$,$C_S/C_V = 2$,拟合结果见图 5-17。

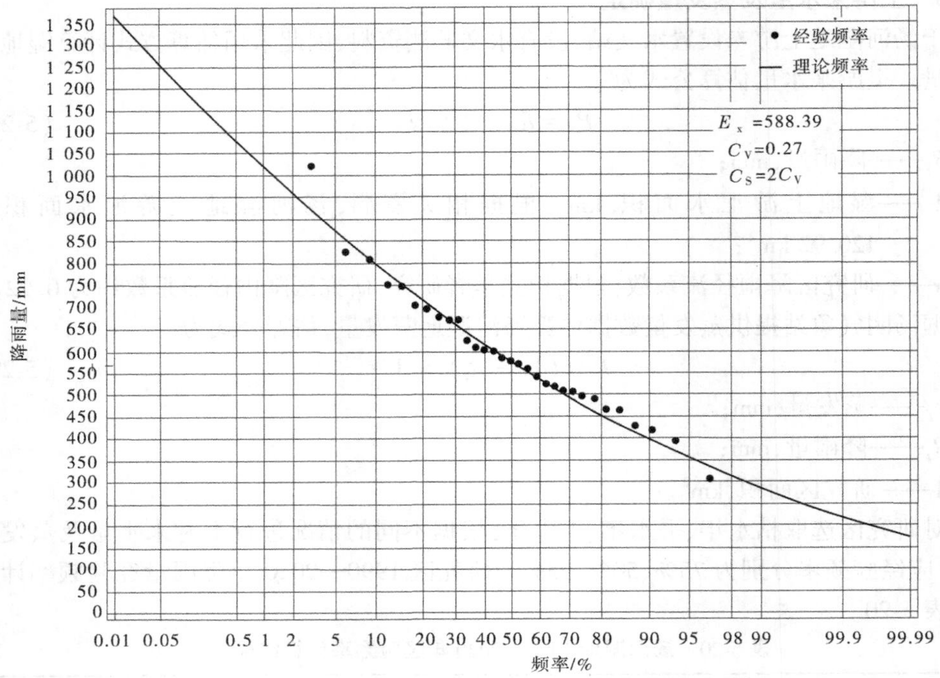

图 5-17　研究区降雨量频率曲线

由经验频率计算结果选取 1990 年、2005 年、1995 年分别作为丰水年、平水年、枯水年的典型年。根据典型年年内降雨过程对年内丰水期、枯水期上游来水量进行计算。此外,根据不同典型年水面面积及蒸发强度对研究区水面蒸发量进行计算。结果见表 5-21。

表 5-21　不同典型年径流量及蒸发量计算结果

典型年	降雨量/mm		径流量/m³		年内径流量/m³	蒸发量/m³	
	丰水期	枯水期	丰水期	枯水期		丰水期	枯水期
丰水年(1990 年)	498.80	175.20	$1.33×10^7$	$4.66×10^6$	$1.79×10^7$	$1.32×10^6$	$5.16×10^5$
平水年(2005 年)	539.60	34.60	$1.44×10^7$	$9.20×10^5$	$1.53×10^7$	$2.52×10^6$	$1.42×10^6$
枯水年(1995 年)	431.00	60.50	$1.15×10^7$	$1.61×10^6$	$1.31×10^7$	$1.52×10^6$	$9.72×10^5$

由上表可确定典型年汤河湿地上游来水量以及蒸发量情况,即公式(5-24)中 P_t 及 I_t 可确定。

5.3.3.4　蓄水量确定

调控过程中蓄水量可根据典型年中汤河湿地不同时期蓄水量确定。丰水期初始蓄水量采用典型年 4 月初湿地蓄水量,枯水期初始蓄水量采用 10 月初湿地蓄水量。各典型年丰水期、枯水期初始蓄水量见表 5-22。

表 5-22 各典型年丰水期、枯水期初始蓄水量

典型年	丰水期		枯水期	
	日期	初始蓄水量/m³	日期	初始蓄水量/m³
丰水年(1990年)		$1.88×10^7$		$1.89×10^7$
平水年(2005年)	4月1日	$1.89×10^7$	10月1日	$1.52×10^7$
枯水年(1995年)		$1.52×10^7$		$2.12×10^7$

5.4 生态调控方案确定

根据5.3节对模型中各参数的计算,针对汤河湿地不同情况进行调控。针对线性规划方程,式中变量目前仅存在下游排水量为未知变量,其余变量均根据典型年的相关数据获取。由于针对不同的灌溉保证率存在不同的农作物灌溉定额,且针对不同典型年区分丰水期、枯水期进行生态水位计算,那么在进行调控过程中则存在多种工况。针对调控方式可将调控目标工况分为三层:第一层为不同的典型年,即丰水年、平水年、枯水年;第二层为不同典型年中的丰水期、枯水期;第三层为不同灌溉保证率,及灌溉保证率50%和75%。其不同的组合形式见图5-18。

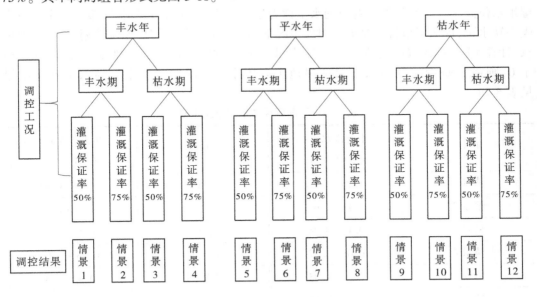

图 5-18 生态调控不同工况组合

根据以上不同工况组合可看出,本次调控存在12种不同的工况,即最终存在12个不同的调控结果。结合5.3节中对各个参数的计算,针对不同工况的调控结果进行计算,确定汤河湿地下游排水量。计算结果见表5-23。

表 5-23　不同工况下调控模型计算结果

典型年	时期	来水量 P_t	蓄水量 Q_{t-1}	蒸发量 I_t	灌溉用水 G_t		下游排水 S_t	
					保证率 50%	保证率 75%	灌溉保证率 50%	灌溉保证率 75%
丰水年 (1990 年)	丰水期	1.61×10^7	1.88×10^7	1.32×10^6	9.44×10^5	1.55×10^6	2.96×10^7	1.48×10^7
	枯水期	5.66×10^6	1.89×10^7	5.16×10^5	1.17×10^6	1.65×10^6	1.99×10^7	5.23×10^6
平水年 (2005 年)	丰水期	1.74×10^7	1.52×10^7	2.52×10^6	5.67×10^5	9.29×10^5	2.66×10^7	1.20×10^7
	枯水期	1.12×10^6	2.12×10^7	1.42×10^6	7.01×10^5	9.93×10^5	1.72×10^7	2.74×10^6
枯水年 (1995 年)	丰水期	1.39×10^7	1.95×10^7	1.52×10^6	1.11×10^6	1.81×10^6	2.78×10^7	1.29×10^7
	枯水期	1.96×10^6	1.97×10^7	9.72×10^5	1.37×10^6	1.94×10^6	1.63×10^7	1.54×10^6

由以上调控模型计算结果可知,在 12 种不同的工况下,汤河湿地下游排水 S_t 均大于 0,即汤河湿地均需要通过向下游进行排水才能保证汤河湿地水位处于生态水位范围内。这也说明在以上所有工况中,均不存在汤河湿地水位低于湿地最低生态水位的现象,这与前文所描述的汤河湿地天然水位变化情况相符。因此,可根据以上调控模型计算结果进一步提出汤河湿地生态调控方案。

根据调控模型计算结果,湿地水位均高于湿地生态水位,需要向下游进行排水。若将湿地水位高于生态水位部分对应的水量称为生态溢水量,低于生态水位部分对应水量为生态缺水量,那么下游排水量即为对应工况下的生态溢水量。将生态调控划分为 12 个情景,计算不同情景生态溢水量。生态溢水量大于 0,则需要进行下游排水;生态溢水量小于 0,则需要减少灌溉用水来保证湿地生态用水。不同情景下生态溢水量计算结果见表 5-24。

表 5-24　不同调控情景生态溢水量

情景	生态溢水量/ ($\times10^7$ m³)	情景	生态溢水量/ ($\times10^7$ m³)
情景 1	1.24~1.77	情景 7	−0.38~0.41
情景 2	1.11~1.64	情景 8	−0.48~0.31
情景 3	0.19~0.98	情景 9	0.38~1.39
情景 4	0.08~0.87	情景 10	0.73~1.26
情景 5	0.50~1.03	情景 11	−0.42~0.37
情景 6	0.38~0.91	情景 12	−0.53~0.26

根据调控模型计算结果对不同调控情景进行分析:

情景 1:在丰水年丰水期,灌溉保证率为 50% 时,汤河湿地生态溢水量为 1.24×10^7~1.77×10^7 m³。

情景 2:在丰水年丰水期,灌溉保证率为 75% 时,汤河湿地生态溢水量为 1.11×10^7~

$1.64×10^7 \mathrm{m}^3$。

情景 3:在丰水年枯水期,灌溉保证率为 50%时,汤河湿地生态溢水量为 $0.19×10^7 \sim$ $0.98×10^7 \mathrm{m}^3$。

情景 4:在丰水年枯水期,灌溉保证率为 75%时,汤河湿地生态溢水量为 $0.08×10^7 \sim$ $0.87×10^7 \mathrm{m}^3$。

情景 5:在平水年丰水期,灌溉保证率为 50%时,汤河湿地生态溢水量为 $0.50×10^7 \sim$ $1.03×10^7 \mathrm{m}^3$。

情景 6:在平水年丰水期,灌溉保证率为 75%时,汤河湿地生态溢水量为 $0.38×10^7 \sim$ $0.91×10^7 \mathrm{m}^3$。

情景 7:在平水年枯水期,灌溉保证率为 50%时,汤河湿地生态溢水量为 $-0.38×10^7 \sim$ $0.41×10^7 \mathrm{m}^3$。

情景 8:在平水年枯水期,灌溉保证率为 75%时,汤河湿地生态溢水量为 $-0.48×10^7 \sim$ $0.31×10^7 \mathrm{m}^3$。

情景 9:在枯水年丰水期,灌溉保证率为 50%时,汤河湿地生态溢水量为 $0.38×10^7 \sim$ $1.39×10^7 \mathrm{m}^3$。

情景 10:在枯水年丰水期,灌溉保证率为 75%时,汤河湿地生态溢水量为 $0.73×10^7 \sim$ $1.26×10^7 \mathrm{m}^3$。

情景 11:在枯水年枯水期,灌溉保证率为 50%时,汤河湿地生态溢水量为 $-0.42×10^7 \sim$ $0.37×10^7 \mathrm{m}^3$。

情景 12:在枯水年枯水期,灌溉保证率为 75%时,汤河湿地生态溢水量为 $-0.53×10^7 \sim$ $0.26×10^7 \mathrm{m}^3$。

根据不同调控情景模型计算结果可看出,在丰水年、平水年、枯水年等各典型年的丰水期,生态溢水量波动范围大于 0,湿地水位均高于湿地生态水位。但仅有丰水年的枯水期,生态溢水量波动范围大于 0,而平水年及枯水年的枯水期均存在生态溢水量小于 0 的现象。说明各典型年丰水期湿地水位均高于汤河湿地生态水位。在枯水期仅有丰水年的湿地水位高于湿地生态水位,平水年及枯水年有部分时间湿地水位低于生态水位。当湿地水位高于生态水位时,湿地生态溢水量可通过向下游排泄及加大湿地周边水资源开发利用力度进行消除,以达到控制湿地水位的目的;湿地水位低于生态水位时,可采取改变灌溉方式的途径减少灌溉水量,保证湿地生态用水量。

第 6 章　结论与展望

6.1　结　论

6.1.1　植物生存域研究方面

（1）流域划分为陆地生态子系统和河岸带生态子系统。陆地生态子系统为原生植物群落分布区，面积共计 332.5 km²，占流域总面积的 25.81%，多集中于流域西部丘陵地区。乔木层的优势植种为构树、杨树和楝树，三者为共建种，其中构树、杨树为植物群落的建群种；灌木层的优势植种为黄荆、酸枣，两者为共建种。河岸带生态子系统长度共计 73.1 km，面积为 4.72 km²，占流域总面积的 0.36%，优势植种为喜湿的披碱草、地毯草、狗牙根和荸荠等多年生草本植物，湿生型芦苇、香蒲等多年生禾本植物等。

（2）陆地生态子系统的植物地境呈现出明显的"复层"结构，其中 0~30 cm 深度区间主要为草本植物的地境稳定层，30~70 cm 深度区间主要为灌木的地境稳定层，70~100 cm 深度区间主要为乔木的地境稳定层。河岸带生态子系统植物根系无"复层"结构特征：0~60 cm 深度区间主要为草本、禾本植物的地境稳定层。

（4）在陆地生态子系统乔木层优势植种中：构树含水率的适生区间为 0.53%~22.03%，含盐量的适生区间为 0.19~0.89 g/kg，有机质含量的适生区间为 1.63~15.65 g/kg，土壤氮磷钾综合指数的适生区间为 0.38~1.50；杨树含水率的适生区间为 0.53%~27.73%，含盐量的适生区间为 0.19~0.89 g/kg，有机质含量的适生区间为 1.63~16.73 g/kg，土壤氮磷钾综合指数的适生区间为 0.38~1.50；楝树含水率的适生区间为 0.53%~13.73%，含盐量的适生区间为 0.24~0.85 g/kg，有机质含量的适生区间为 1.63~5.94 g/kg，土壤氮磷钾综合指数的适生区间为 0.38~1.25。在灌木层优势植种中：黄荆含水率的适生区间为 10.0%~14.6%，含盐量的适生区间为 0.20~1.42 g/kg，有机质含量的适生区间为 0.36~39.07 g/kg，土壤氮磷钾综合指数的适生区间为 0.44~2.32；酸枣含水率的适生区间为 5.53%~20.45%，含盐量的适生区间为 0.21~0.71 g/kg，有机质含量的适生区间为 1.79~15.64 g/kg，土壤氮磷钾综合指数的适生区间为 0.58~2.32。

（5）陆地生态子系统乔木层含水率的最适生区间为 0.53%~13.73%，含盐量的最适生区间为 0.24~0.85 g/kg，有机质含量的最适生区间为 2.62~15.65 g/kg，土壤氮磷钾综合指数的最适生区间为 0.38~1.25；灌木层含水率的最适生区间为 8.64%~15.00%，含盐量的最适生区间为 0.21~0.77 g/kg，有机质含量的最适生区间为 3.83~17.08 g/kg，土壤氮磷钾综合指数的最适生区间为 0.51~2.43；河岸带生态子系统含水率的最适生区间为 9.23%~27.73%，含盐量的最适生区间为 0.10~0.96 g/kg，有机质含量的最适生区间为 5.41~37.86 g/kg，土壤氮磷钾综合指数的最适生区间为 0.94~2.16。

6.1.2 汤河河岸带变迁方面

(1)将汤河岸带划分为上游、中游、下游 3 个生态子系统。

上游岸带子系统受到的负面影响最小,保留了相对自然的生态结构,丰富度较高、植物生长状况良好。草本植物呈面状分布,范围广且具有连续性,优势种为葎草、狗尾草、芦苇;灌木点状分布,植种仅有黄荆、荆条;乔木多以带状分布在岸带边缘,连续性较差,以杨树和构树为主。个别地带的块状农田打断了河岸带植物物种的连续性。

中游岸带子系统中经过人工修复的岸带物种多样性高,其他地区物种较为单一,植被的纵向变化较大。草本优势种为芦苇、稗、葎草、小蓬草、红蓼等。多样化的草本植物在修复区构成了以乔草为主体的分布特征。未修复区草本植物丰度较低,乔木以人工种植为主且分布于河岸带边缘,构成了乔草混生的分布格局。

下游岸带子系统受到人工防洪工程和作物侵占河岸带的影响最大,植被分布相对不均,物种多样性低,尤其是乔木多样性较低,纵向连续性差,表现出强烈的波动性和间断性。乔木多为构树、垂柳和人工种植的杨树,草本优势种为苘麻、稗、芦苇。

(2)结合遥感图像和景观指数分析,河岸带景观格局的变化首先体现在侵占河岸带的农田大面积减少,灌木/草地和林地的面积增加,这在上游、中游岸带子系统表现得尤为明显。景观均匀度在 1987—1995 年的上游和下游得到提升,随后趋于稳定;而中游岸带子系统近年来的人工干预,使得在 1987—2005 年增加的景观异质性和均匀度在 2005 年之后再次降低。河岸带生态系统景观异质性升高,但斑块的镶嵌现象更加严重,从 1987 年至今景观破碎度一直增加。退耕还林、退耕还草令河岸带向健康方向发展,但林、草植被仍存在着斑块小、连续性差的特点。

(3)通过对河岸带生态系统结构的研究表明,植被从水生、湿生到中生过渡,靠近河岸的植被多为自然生长的草本植物,远离河岸的植被多为人工种植的乔木。受限于岸带生态系统特殊的自然地理条件,加之人为因素作用, 3 个生态子系统的结构表现出一定差异:上游岸带子系统可分为滨水植被带、过渡植被带、边缘植被带,中游岸带子系统在可分为自然植被带和人工植被带,下游岸带子系统可分为自然植被带和农田植被带。

河岸带生态系统的结构变迁特征是:1987—2019 年,河岸带的结构整体上不断优化,朝着良性态势发展。但在人为因素的干扰下,河岸生态系统的自然结构特征较少,河岸带存在植物群落结构不完善,农田侵占河岸带,河道渠道化严重等问题,生态系统的结构仍需不断调整。

(4)汤河河岸带生态功能随着时间变迁总体呈现向好的趋势。其中,上游岸带子系统植被覆盖度较高,细根较为发达,物种丰富度较高,对河岸带起到了较强的护岸、水质保护和维护生物多样性功能;但个别地点出现植被砍伐现象,河岸带的景观功能受到一定影响。中游岸带子系统植被覆盖度较大,且由于湿地的存在,子系统内物种丰富度最大,大面积的芦苇、香蒲等植物对污染物吸收富集效果较好,对水质形成了强有利的保护,同时增强了景观功能。下游岸带子系统植被覆盖度最小,单位长度内的植物物种多样性较低,护岸、水质保护、景观功能均较弱,难以起到保护生物多样性的功能,需要采取工程措施改善。

（5）人类通过水利工程、农业活动和工程建筑活动影响河岸带的变迁。水利工程对河岸带的影响主要表现在改变河道的原始形态，固化河岸、截弯取直等改造行为，直接限制了河岸带的地形地貌，从而改变河流水文特征及破坏河岸带连续性和植被结构，降低河岸带生态系统的护岸、景观、生物多样性和水质保护功能。农业的活动直接作用于河岸带土地，物理结构和生态结构的改变使得自然生长河岸带植被向随季节变化的人工种植单一化植被演替，耕作过程中使用农药化肥，改变土壤养分，造成河岸带生态系统功能的退化。工程建筑会减少河岸带面积，从而降低岸带生态系统内在联系和净化能力，一定程度上还会影响岸带景观。尤其是河流源头区采矿活动降低区域水位、污染水体等，引起河岸带植被群落结构改变，影响河岸带功能的实现。

6.1.3　汤河湿地生态水位方面

（1）通过对汤河湿地生态系统结构及功能现状的调查，发现汤河湿地生态系统存在一定的问题。首先在结构上，汤河湿地植被群落水平分带性较为明显，在不同位置的不同植物群落上均具有良好的水平分带现象，具有较好的水平结构。湿地在垂直结构上表现为同一群落中不同物种之间植株生长高度不同。由于汤河湿地存在剧烈的人为活动，因此与自然状态下湿地生态系统相比，在乔、灌、草相结合所形成的植物群落垂直结构方面具有一定的缺失。此外，与汤河国家湿地公园内部人工库塘中形成的植物群落相比，湿地水体边缘自然形成的植物群落物种多样性也略显不足。

（2）本次研究基于汤河湿地长时间序列水位监测资料，分别采用 IHA-RVA 法及生态水位法对汤河湿地生态水位进行了计算。通过两种计算方法的比较及计算结果与汤河湿地天然水位变化情况的比较，最终选取 IHA-RVA 法计算生态水位作为湿地生态水位：最低生态水位为 105.33～110.53 m，适宜生态水位为 108.65～112.97 m。

（3）通过湿地生态水位计算结果与近 29 年天然水位变化情况进行对比发现，汤河湿地水位未出现低于最低生态水位的现象，但存在 10 个年份出现不同程度的水位超出生态水位的现象，那么汤河湿地生态系统结构和功能在自然条件下将会遭受一定的损害，因此需要相应的调控措施。

（4）本次研究使用线性规划方程构建汤河湿地生态调控模型，并结合约束条件构建 12 个不同的调控情景，分别进行模型计算。模型计算结果显示，在丰水年、平水年、枯水年的丰水期及丰水年的枯水期的生态溢水量波动范围均大于 0，即湿地水位均大于湿地最低生态水位；平水年和枯水年的枯水期的生态溢水量存在小于 0 的现象，即湿地水位低于湿地最低生态水位。

6.2　展　望

汤河属于卫河的重要支流，隶属于海河水系，其生态安全关乎海河流域的生态安全，影响着华北地区的生态安全，所以保证汤河生态系统结构与功能的动态平衡意义重大。首先应该加强河流生态基流研究和保证。汤河上游部分河段由于采矿活动导致地下水位大幅度下降，致使河水补给来源缺失，致使断流。如何使这些河段恢复水流，并保证河流生态的基本流量是这个流域生态恢复与健康的基本要求。其次要提升河岸带生态功能恢复水平。部分河段的河岸带基本消失,代之的是农田或者岸坡,极大地降低了河岸带的生态功能,应采取措施恢复河岸带及其生态功能;同时,应该保护目前正在退化的河岸带生态系统的功能。

　　汤河湿地在整个汤河生态系统中有着举足轻重的地位,湿地生态健康则汤河的生态就健康,其出现逆向演进则汤河生态健康必然出现问题。因此,根据汤河湿地生态系统结构及功能调查现状,相关机构应加强湿地植物群落管理,构建更加完善合理的植物群落结构,增强湿地生态系统物种多样性保护功能。同时调查表明,湿地水质也存在较为严重的问题,这说明湿地生态系统自身的水质改善功能已经不足以应对湿地逐渐恶化的水质,需加强湿地上游及周围污水排放管理,使人类活动与湿地水质改善功能协同作用,共同改善湿地水质。其次,根据湿地生态水位计算结果及湿地调控模型计算结果可知,汤河湿地水位并不满足湿地生态水位的需求,那么湿地生态系统健康定会受到一定的损害。因此,相关部门应加强湿地水位的管理,通过人工调控使湿地水位处于生态水位合理范围之间。研究结果显示,不通典型年湿地水位均高于生态水位,那么湿地管理部门在向下游进行一定量排水的同时,可加强湿地水资源的开发利用,在保证湿地生态系统健康的前提下发挥一定的作用,实现资源的合理利用。

　　本书的研究结论为汤河流域的生态修复提供了主要参考,修复的目标以逐步恢复生态系统的结构与功能为主,无论是陆地生态系统还是河岸带生态系统、湿地生态系统,植被恢复是生态修复的主要参与者,也是修复能否达到目的决定性因素。物种选择应以本地种为主,如杨树、黄荆、芦苇、香蒲等,物种多样性也是要考虑的重要因素之一。修复方式应注意植物地境的重塑,生存域的圈划提供了地境的物质组分特征,是地境再造的主要依据。河流岸带的生态功能意义重大,无论是河道整治、水利工程、土地耕种等都不能占用岸带,而应该在恢复岸带范围、提升河岸带生态功能的前提下进行各种生产、建设活动。

　　河流是人类的生命线,河流生态系统健康与安全关乎人类的持续发展。汤河沿岸历史文化悠久,工农业生产发达,保证汤河流域生态系统健康发展就是保证沿岸人民安居乐业。生态系统的修复与保护是一项长期工程,坚持"尊重自然,顺应自然,保护自然"是工作的基本原则,唯有如此,汤河方有美好的明天。

附　图

附图 1　1970 年汤河河岸带带范围圈划图

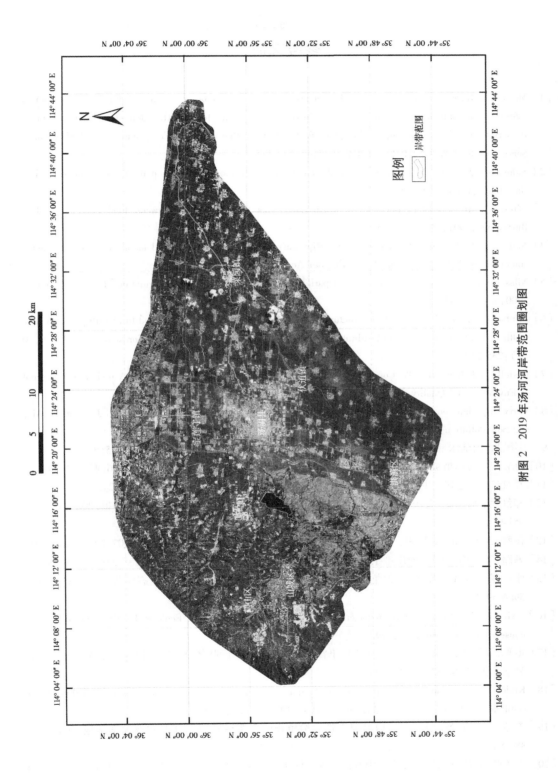

附图 2 2019 年汤河河岸带范围圈划图

参考文献

[1] Meehan W R,Swanson F J,Sedell J R. Influences of riparian vegetation on aquatic ecosystems with particular references to salmonoid fishes and their food supplies. In: JohnsonRR, JonesDAeds. Importance, Preservation and Management of Floodplain Wetlands and other Riparian Ecosystems[Z]. USDA Forest Service General Technical Report RM,1977,43:137-145.

[2] Swanson F J,Kratz T K, Caine N, et al. Land form effects on ecosystem patterns and processes[J]. Bioscience,1988,38:92-98.

[3] Gregory. An ecosystem perspective of riparian zones focus on links between land and water [J]. BioScience,1991,41(8):540-551.

[4] Naiman R J,Decamps H, Mcclain M E. Riparian: Ecology conservation and management of streamside communities[M]. Burlington, USA: Elsevier Academic Press, 2005.

[5] Nilsson C, Berggrea K. Alterations of riparian ecosystemscaused by river regulation[J]. Bio Science, 2000,50(9):783-792.

[6] Clinton B D, Vose J M,et al. Can structural and functional characteristics be used to identify riparian zone width in southern Appalachian headwater catchments? [J] Canadian Journal of Forest Research,2010,40 (2):235-253.

[7] Castelle A J,Johnson A W,Conolly C. Wetland and stream buffer size requirement: A review[J]. Journal of Environmental Quality,1994,23:878-882.

[8] Verry. Riparian ecotone: A functional definitionanddelin-eation for resource assessment[J]. Water, Air, and Soil Pollution: Focus,2004,4:67-94.

[9] 尹澄清. 内陆水－陆地交错带的生态功能及其保护与开发前景[J]. 生态学报,1995(3):331-335.

[10] 陈吉泉. 河岸植被特征及其在生态系统和景观中的作用[J]. 应用生态学报,1996(4):439-448.

[11] 夏继红, 严忠民. 生态河岸带的概念及功能[J]. 水利水电技术,2006(5):14-17,24.

[12] 邓红兵,王青春,王庆礼,等.河岸植被缓冲带与河岸带管理[J].应用生态学报,2001,12(6):951-954.

[13] 杨胜天,王雪蕾,刘昌明,等. 岸边带生态系统研究进展[J]. 环境科学学报,2007,20(6):894-905.

[14] 韩路,王海珍,余军.河岸带生态学研究进展与展望[J].生态环境学报, 2013, 22(5):879-886.

[15] 张雪妮,吕光辉. 荒漠区垂直河岸带植物多样性格局及其成因[J]. 生态学报,2015,35 (18):5966-5974.

[16] Nilsson C. Conservation management of riparian communities. Ecological principles of nature conservation[M]. Springer,1992.

[17] 雷平,邹思成,兰文军.不同干扰强度下江西武夷山河岸带阔叶林群落的结构与数量特征[J].植物科学学报,2014,32(5):460-466.

[18] Kinley T A, Newhouse N J. Relationship of riparian reserve zone width to bird density and diversity in southeastern British Columbia[J]. Norehwest sa. 1997,23(5):37-50.

[19] 李冬,王青春,邓红兵.二道白河河岸带珍稀植物的分布格局[J].江西农业大学学报,2005(6):885-889.

[20] 丁圣彦,郭屹立,梁国付.洛河中游河岸带不同生境类型中物种多样性研究[J].河南大学学报(自

然科学版),2012,42(5):613-619.

[21] 李素新.汾河河岸带植被管理对策[J].山西农业科学,2007(12):40-42.

[22] 胡彬,翟文静,赵警卫.河岸带植被对河流生态功能影响研究进展[J].福建林业科技,2015(3):233-239.

[23] Greenway M, Jenkins G, Polson C. Macrophyte zonation in stormwater wetlands:Getting it right! A case study from subtropical Australia[J]. Water Science and Technology,2007,56(3):223

[24] 张金屯.植物种群空间分布的点格局分析[J].植物生态学报,1998(4):57-62.

[25] 李旭,谢永宏,黄继山,等.湿地植被格局成因研究进展[J].湿地科学,2009,7(3):280-288.

[26] Bornman T G, Adams J B, Bate G C. Environmental factors controlling the vegetation zonation patterns and distribution of vegetation types in the Ulifants Estuary, South Africa[J]. South African Journal of Botany, 2008,74(4):685-695.

[27] 牟长城,倪志英,李东,等.长白山溪流河岸带森林木本植物多样性沿海拔梯度分布规律[J].应用生态学报,2007, 18(5):943-950.

[28] 孙荣,邓伟琼,李修明.三峡库区典型次级河流河岸植被分布格局——以重庆东河为例[J].生态学杂志,2015,34(10):2733-2741.

[29] 于连海,王留成,高佳敏,等.不同湿地类型草本植物群落空间分布及环境解释[J].东北林业大学学报,2018,46(OS):20-25.

[30] Marchand C, Baltzer F, Lallier-Verges E, et al. Pore-water chemistry in mangrove sediments: relationship with species composition and developmental stages (French Guiana)[J]. Marine Geology, 2004,208(2):361-381.

[31] Lou Y, Wang G, Lu X, et al. Zonation of plant cover and environmental factors in wetlands of the San Jiang Plain, northeast China[J]. Nordic Journal of Botany,2013,31(6):748-756.

[32] 曹爱兰.黄河三角洲芦苇湿地植物群落的环境梯度分析[J].科技创新导报,2011(28):136-138.

[33] 贺强,崔保山,赵欣胜,等.水、盐梯度下黄河三角洲湿地植物种的生态位[J].应用生态学报,2008(OS):969-975.

[34] 何彦龙,李秀珍,马志刚,等.崇明东滩盐沼植被成带性对土壤因子的响应[J].生态学报,2010, 30(18):4919-4927.

[35] 简敏菲,徐鹏飞,余厚平,等.乐安河—都阳湖湿地植物群落分布及其环境影响因子[J].环境科学研究,2015,28(3):408-417.

[36] 王盼盼,李艳红,徐莉.艾比湖湿地典型植物群落下土壤有机质空间变异性研究[J].生态科学,2015, 34(4):131-136.

[37] 张纵,施侠,徐晓清.城市河流景观整治中的类自然化形态探析[J].浙江林学院学报,2006(2):202-206.

[38] 邬建国.景观生态学——格局、过程、尺度与等级[M].北京:高等教育出版社,2000.

[39] Simberlo D,Cox J. Consequences and costs of conservation corridors[J]. Conservation Biology,1987,1(1):63-71.

[40] Darveau M, Beauchesne P,Belanger L,et al. Riparian forest strips as habitat for breeding birds in boreal forest[J]. Journal of Wildlife Management,1995,59:67-78.

[41] Shirley S M. Movement of forest birds across river and clear cut edges of varying riparian buffer strip widths[J]. Forest Ecology and Management, 2006(223):190-199.

[42] 江明喜,党海山,黄汉东,等.三峡库区香溪河流域河岸带种子植物区系研究[J].长江流域资源与环境,2004,13(2):179-182.

[43] Leeds-Harrison P B, Quinton J N, Walker M J. Grassed buffer strips for the control of nitrate leaching to surface waters in headwater catchments[J]. Ecological Engineering, 1999,12(3/4):299-313.

[44] Borin M, Bigon E. Abatement of N03-N concentration in agricultural water by arrow buffer strips[J]. Environmental Pollution, 2002,117:165-168.

[45] Weller D E, Correll D L, Jordan T E. Dentrification in riparian forests receiving agricultural runoff[A]. In:Mitsch, W. J. (Ed.), Global Wetlands[C]. Old World and New. Elsevier, Amsterdam, 1994: 117-131.

[46] Cooper A B. Nitrate depletion in the riparian zone and stream channel of a small headwater catchment [J]. Hydrobiologia,1990,202:13-26.

[47] Lowrance R. Groundwater nitrate and denitrification in a coastal plain riparian forest[J]. Journal of Environmental Quality,1992,21:401-405.

[48] Richardson C J. Mechanisms controlling phosphorus retention capacity in fresh water wetlands[J]. Science,1985,228:1424-1427.

[49] Barton D C. Stream water response to timber harvest:riparian width effectiveness[J]. Forest Ecology and Management, 2011, 261(6):979-988.

[50] 赵警卫. 河岸带景观结构、功能及其关系研究[D]. 上海:华东师范大学,2013.

[51] 杨海军,内田泰三,盛连喜,等. 受损河岸生态系统修复研究进展[J]. 东北师范大学学报(自然科学版),2004,36(1):95-100.

[52] Ingle P. Annual conference oral abstracts:Enhancing partnerships through riparian restoration and holistic resource management[J]. Journal of Soil & Water Conservation,1996,51(4):352-353.

[53] Ravindra N, Chibbar, Chen Haojie. From gene shuffling to the restoration of riparian ecosystems[J]. Trends Plant Science,1999, 4:337-338.

[54] Molles J, Mannel C, Crawford Cliffords. Managed flooding for riparian ecosystem restoration[J]. Bioscience, 1998,48(9):749.

[55] Choistopher Barton, Eric A, Nelson R, et al. Restoration of a severely impacted riparian wetland system——The pen branch project[J]. Ecological Engineering, 2000,15:3-15.

[56] 朱季文,季子修,蒋自巽. 太湖湖滨带的生态建设[J]. 湖泊科学,2002,14(1):77-82.

[57] 张建春,彭补拙. 河岸带研究及其退化生态系统的恢复与重建[J]. 生态学报, 2003, 23 (1): 56-63.

[58] 黄川,谢红勇,龙良碧. 三峡湖岸消落带生态系统重建模式的研究[J]. 重庆教育学院学报,2003,16 (3):63-66.

[59] 颜昌宙, 金相灿, 赵景柱, 等. 湖滨带退化生态系统的恢复与重建[J]. 应用生态学报, 2005,16 (2):360-364.

[60] Petersen R C, Madsen B L, Wilzbach M A,et al. Stream management:Emerging global similarities[J]. Am. bio. ,1987(16):166-179.

[61] Femat. Forest ecosystem management: Anecological, economic, and social assessment. Repport of FEMAT , 1993. WashingtonDC .

[62] Ward J V. River in eland scapes:Biodiversity patterns,disturbance regimes, and aquatic conservation [J]. BiolConser,1998,83(3):269-278.

[63] Hunter J C,Willett K B,McCoy M C,et al. Prospects for preservation and restoration of riparian forests in the Sacramen to Valley,California,USA[J]. EnvironManag, 1999,24(1):65-75

[64] Xiang W N. AGIS method for riparian water quality buffer generation[J]. In t. J. Geograp Inf Syst,1993,

7(1):57-70.

[65] Weller D E,Jordan T E,Correll D L. Heuristic models for material discharge from landscapes with riparian buffers[J]. EcolAppl,1998,8(4):1156-1169.

[66] Lowrance R,Altier L S,Williams R G,et al. The Riparian Ecosystem Management Model[J]. Soil Water Cons,2000,55(1):27-34.

[67] 崔杰石.基于SWAT模型的汤河流域面源污染时空分布研究[J].水利规划与设计,2016(2):4-6,29.

[68] 崔杰石.两种水文模型在汤河流域水文模拟中的对比分析[J].水利规划与设计,2016(6):44-46.

[69] 吴建鹏.基于SWAT模型的矿业城市LUCC水文效应研究[D].焦作:河南理工大学,2018.

[70] 赵祎,王金叶.河南汤河国家湿地公园生态系统评价研究[J].商丘师范学院学报,2016,32(6):53-57.

[71] 刘波,牛昉卿,李庆,等.水生植物在湿地公园不同功能区中的应用探讨——以汤阴汤河国家湿地公园为例[J].河南林业科技,2018,38(4):39-41.

[72] 丁晓楠.河南省汤河温泉旅游开发规划研究[J].北方经贸,2011(6):150-152.

[73] 赵祎,王金叶.SWOT分析法下汤河湿地旅游发展对策探讨[J].中南林业科技大学学报(社会科学版),2015,9(6):70-73.

[74] 王萍.陆地生态系统稳定性及其判别[D].武汉:中国地质大学(武汉),2008.

[75] 徐恒力,汤梦玲,马瑞.黑河流域中下游地区植物物种生存域研究[J].地球科学,2003,28(5):551-556.

[76] Joseph Grinnell. Field tests of theories concerning distributional control[J]. The American Naturalist,1917,51(602):115-128.

[77] Tansley A G. The use and abuse of vegetational concepts and terms[J]. Ecology,1935,16(3):284-307.

[78] Pellerberg I F, Goldsmith F B, Morris M G. The scientific management of temperate communities for conservation[M]. Oxford:Black-well Scientific Publications,1991.

[79] Vogt K A , Grier C C , Vogt D J . Production, turnover, and nutrient dynamics of above-and belowground detritus of world forests[J]. Advances in Ecological Research, 1986, 15(15):303-377.

[80] Potter C S , Randerson J T , Field C B , et al. Terrestrial ecosystem production:A process model based on global satellite and surface data[J]. Global Biogeochemical Cycles, 1993, 7(4):811-841.

[81] Neilson R P . A model for predicting continental-scale vegetation distribution and water balance[J]. Ecological Applications, 1995, 5(2):362-385.

[82] Gale M R , Grigal D F . Vertical root distributions of northern tree species in relation to successional status[J]. Revue Canadienne De Recherche Forestière, 1987, 17(8):829-834.

[83] 邓慧平,祝廷成.气候变化对松嫩草地水、热条件及极端事件的影响[J].中国草地,1999(1):3-5.

[84] 刘昌明,王会肖.土壤-作物-大气界面水分过程与节水调控[M].北京:科学出版社.1999.

[85] 侯春堂,李瑞敏,冯翠娥,等.区域农业生态地质调查内容与方法——以河北平原为例[J].地质科技情报,2002(1):66-70.

[86] 简放陵,李华兴.土壤生态系统耗散结构变异规律研究的理论与方法探讨[J].华南农业大学学报,2001,22(3):16-19.

[87] 张为政,高琼.松嫩平原羊草草地土壤水盐运动规律的研究[J].植物生态学报,1994,18(2):132-139.

[88] 白永飞,许志信,李德新.内蒙古高原针茅草原群落土壤水分和碳、氮分布的小尺度空间异质性[J].生态学报,2002,22(8):1215-1223.

[89] 符裕红,黄宗胜,喻理飞,等.岩溶区典型根系地下生境的土壤质量分析[J].水土保持研究,2012, 19(3):67-73.

[90] 符裕红,黄宗胜,喻理飞.岩溶区典型根系地下生境类型中土壤酶活性研究[J].土壤学报,2012,49 (6):1202-1209.

[91] 符裕红,彭琴,李安定,等.喀斯特石灰岩产状地下生境的土壤质量[J].森林与环境学报,2017,37 (3):353-359.

[92] 徐恒力,孙自永,马瑞.植物地境及植种地境稳定层[J].地球科学,2004(2):239-246.

[93] 王萍,罗晓云.额济纳盆地植物地下微生境深度范围的确定——土壤酶指示法[J].干旱区研究, 2006(4):583-587.

[94] 杜博涛,宁立波,徐恒力,等.植物地境调查方法研究[J].河南农业大学学报,2017,51(1):82-86.

[95] 张晨,周爱国,孙自永,等.黑河中下游地区生态整治对策研究[J].中国水土保持,2005(2):28-30.

[96] 李振基,陈小麟,郑海雷,等.生态学[M].北京:科学出版社,2001.

[97] 徐恒力,汤梦玲,马瑞.黑河流域中下游地区植物物种生存域研究[J].地球科学:中国地质大学学 报,2003,28(5):551-556.

[98] 周爱国,徐恒力,甘义群,等.西北地区水资源-生态可持续发展的若干问题探讨[J].长江流域资源 与环境,2001(5):419-425.

[99] 崔长勇,罗晓云.额济纳盆地生态系统的地质学分析[J].资源调查与环境,2004,25(1):23-30.

[100] 张俊,赵振宏,马洪云,等.基于植种生存域的干旱半干旱区地下水与植被关系研究[J].水土保持 研究,2014,21(5):240-243.

[101] 朱婧,王利民,贾凤霞,等.我国华北地区湿地生态需水量研究探讨与应用实例[J].环境工程学 报,2007,1(11):112-118.

[102] Tilley D R, Badrinarayanan H, Rosati R, et al. Constructed wetlands as recirculation filters in large-scale shrimp aquaculture[J]. Aquacultural Engineering, 2002, 26(2): 81-109.

[103] 李新虎,宋郁东,李岳坦,等.湖泊最低生态水位计算方法研究[J].干旱区地理,2007(4): 526-530.

[104] 徐志侠,陈敏建,董增川.湖泊最低生态水位计算方法[J].生态学报,2004(10):2324-2328.

[105] 刘惠英,桂发亮.吞吐型湖泊湿地最低生态需水研究——以鄱阳湖湿地为例[J].南昌工程学院学 报,2011,30(6):69-72.

[106] 杨薇,赵彦伟,刘强,等.白洋淀生态需水:进展及展望[J].湖泊科学,2020,32(2):294-308.

[107] 崔丽娟,鲍达明,肖红,等.基于生态保护目标的湿地生态需水研究[J].世界林业研究,2006(2): 18-22.

[108] Gleick P H. Enviromental water requirments for humanactivities:meeting basic needs[J]. Water International, 1996(21): 83-92.

[109] 余勋.洞庭湖不确定性水质评价及生态水位研究[D].长沙:湖南大学,2014.

[110] 黄小敏.鄱阳湖湿地生态需水研究[D].南昌:南昌大学,2011.

[111] 王鸿翔,朱永卫,查胡飞,等.洞庭湖生态水位及其保障研究[J].湖泊科学, 2020, 32(5): 1529-1538.

[112] 赵翔,崔保山,杨志峰.白洋淀最低生态水位研究[J].生态学报, 2005(5): 1033-1040.

[113] 崔保山,赵翔,杨志峰.基于生态水文学原理的湖泊最小生态需水量计算[J].生态学报,2005(7): 1788-1795.

[114] 刘静玲,杨志峰.湖泊生态环境需水量计算方法研究[J].自然资源学报,2002(5):604-609.

[115] 孙书华,潘忠臣,孙书洪.水库湿地生态环境需水量的计算研究[J].天津农学院学报,2008(3): 29-32.